工学倫理・技術者倫理

練習問題および解答例付

梶谷　剛

アグネ技術センター

はじめに

　「倫理」は知識としての「哲学」とは違って，若い世代の行動様式を方向付けるものとして何度も教育現場で取り上げられてきました．旧来の「倫理」は「道徳」と並置されたり，「倫理道徳」のように連結されて用いられている概念です．

　一方，外国，とりわけ欧米に於ける「倫理・Ethics」と「道徳・Morality」とはかなり違った概念です．前者は行動原則ですが，後者は宗教的な内容まで含んだ「理念」です．

　本書で取り上げる「工学倫理・技術者倫理」は欧米流の「倫理」に立脚したものです．我が国で教育された工学者・技術者が国際的な活動の場で研究・生産活動を行う場合に期待される行動規範だと思って下さい．欧米流の「倫理」は明文化された「倫理規定」あるいは「倫理原則」に沿った行動様式を要求するものです．国ごとあるいは学協会ごとに「倫理規定」の表現が多少異なるのですが，主要な部分は同じです．第1原則はどの国も，どの学協会も「公衆優先原則」になっています．規定だけでは不十分なので，「義務」を付け加える場合もあります．例えば，守秘義務のように法律に定められている条項もあります．企業や国家の利益のために，法律上の規定はしばしば迂回される心配があります．それに対して「倫理規定」には迂回条項がありません．現在の工学教育現場では欧米流の「倫理」と伝統的な「倫理道徳」を区別していない場合があります．その場合，受講する側に戸惑いが生じるのではないかと懸念します．

　本書は日本技術士会の提唱する7条の「倫理原則」と9条の「義務」に焦点をあわせて説明を行い，課題演習をするように書かれています．

　本書が新しい工学教育の現場で役に立つことを祈っています．

平成 29 年 2 月吉日

梶谷　剛

目　次

はじめに　*i*

1　倫理科目の展開　*1*

技術者倫理・工学倫理科目　*1*

「生命倫理」　*3*

JABEE と ABET　*5*

PE 資格・CEng 資格　*6*

倫理規定，技術者倫理の七原則，九義務　*7*

練習問題1　*9*

2　技術者に課せられた七原則　*10*

公衆優先原則　*10*

持続性原則　*11*

有能性の原則　*12*

真実性の原則　*13*

誠実性の原則　*14*

正直性の原則　*15*

専門職原則　*16*

練習問題2　*17*

3　研究者倫理　*19*

研究者倫理の歴史的背景　*19*

国内学協会の研究者倫理　*20*

"研究者倫理"の実効性　*23*

研究不正を防ぐ方法　23

続発する不正研究　25

研究不正を防止するための外国の取り組み　28

結語　29

練習問題3　30

4　公衆優先原則　36

本田技研工業のCVCCエンジンの開発　36

インドボパール化学工場爆発事故　38

大阪エキスポランドジェットコースター風神雷神II事故　42

練習問題4　45

5　持続性原則・有能性原則　47

地球温暖化問題と持続性原則　47

水俣病事例と有能性原則　52

練習問題5　56

6　真実性原則・誠実性原則　58

福島原発事故と真実性原則　58

杭工事不良と誠実性原則　67

練習問題6　69

7　正直性原則・専門職原則　72

ドイツ車の排気ガス規制のがれと正直性原則　73

耐震強度構造計算書偽装事件と正直性原則　76

談合と専門職原則　80

練習問題7　83

v

8　技術者の九義務　*85*

注意義務　*85*

規範遵守義務　*87*

守秘義務　*91*

協同義務　*92*

練習問題8　*93*

練習問題解答例　*94*

索引　*114*

1 倫理科目の展開

技術者倫理・工学倫理科目

　我が国は，従来，商船や鉄鋼，鋼管，自動車を国内で大量生産し大量輸出してきましたが，日本円の高騰から，生産拠点を労働賃金の安いアジア各国に移して大量生産を続けてきました．そのような時代になると，工業生産物の品質低下や新商品開発の遅れが起き，日本企業の国際的な信用が失われる事態も起きています．日本の工業生産は大量生産大量輸出時代が長かったことが響いていて，型番の違う商品の絶え間ない投入があったとしても，手間のかかる画期的な新商品開発や品質の保持や向上を考える傾向が失われてきたかも知れません．日本製品の良さは小型自動車に典型的に現れており，価格もさることながら長期使用に耐えます．故障率が低く，消耗部品の寿命が長いことも国際的な評価を高めています．しかし，かつては市場を独占していた液晶パネルやDRAM あるいは携帯電話やスマートフォンが，場合によっては性能に問題のある安価な外国製品に駆逐されています．これは為替レートや見かけの善し悪しによるものではなく，製品展開に何か欠陥があったと思うべきでしょう．

　日本の工業製品の国際市場への浸透率を眺めると，日本製が受け入れられている部門と，はじめから受け入れられていない部門があることに気がつきます．「武器」のように我が国が意識的に輸出をしてこなかった部門もありますが，我が国の工業力が不足している部門もあります．

　停滞局面の我が国の工業力をさらに国際競争力のあるものにするには，我々は「何をどうすべきだったか」「これからどうすべきか」しばし顧みる必要がありそうです．時あたかもドイツの大手自動車会社が排気ガス基準を数年に渡ってごまかしていたというニュースに接しています．日本の大手建設会社も

永年基礎工事の手抜きをしていたというニュースにも接しています.

　国際競争力のためには新商品開発や商品の品質管理を忘れません. これは資金と人員を要する大仕事です. それを弛まず実施してきた事業所が一流会社となり, 怠った事業所は退場を余儀なくされています. 我が国の努力が足りない例の一つとして大型医療装置の CT スキャン (Computed Tomography, コンピュータ断層撮影) 装置や MRI スキャン (Magnetic Resonance Imaging, 磁気共鳴撮像) 装置があります. これらの装置は大きな病院で連日休みなく働いています. これらの装置はドイツの Siemens, オランダの PHILIPS, 米国の General Electrics が世界市場の 20 ～ 30％を, それぞれ製造しており, 日本のメーカーは残りの 10 ～ 15％を製造しているに過ぎません. この比率はどの医療機関でもここ数年変わりません. 医療従事者の説明では, これらの装置を導入する際には, 事務方からいつも安価な日本製を買うように言われるとのことですが, 故障時の迅速対応の有無や画像解析ソフトの善し悪しがあって, 日本製は買えないとのことでした. 医療機器の最も重要な特性は使い勝手の善し悪しとデータの精度・信頼度の高さです. 日本のメーカーが太刀打ちできない欧米メーカーの伝統的な販売力も当然ありますが, 日本のメーカーには逆境とも言える国際競争に打ち勝つ知恵や努力はないのでしょうか. この辺に我が国の工業力と工学教育の欠陥があるように思います.

　日本の工業生産関係者が「忘れた」あるいは「意識して来なかった」点の一つが「技術者倫理」あるいは「工学倫理」の教育であり, その遵守だと思います. 紛らわしいと思いますが, 「技術者倫理」と法律遵守, つまりコンプライアンス (compliance) とは全く違った概念です. 前者は技術者の持つべき「矜持」であり後者は法治国家の一員としての義務です. 従来日本人は「生真面目」だと言われています. しかし, 先進国と言われる国民は全て日本人と同じ程度に「生真面目」です. 建築物ひとつ取っても, 「建築する土地の自然災害レベルに耐える建築物の設計をする」, 「柱を等間隔に垂直に立てる」, 「梁を水平に固定する」, 「ドアからすきま風が入らないように設置する」ことはできます. 生産や商取引においても「約束を守る」「嘘をつかない」ことは常識です. 恐らく, その国の文化的「先進性」は「約束を守る」「嘘をつかない」というレベルの「倫

理性」につながっていると思います.

　工学倫理教育や研究者倫理教育はこの「約束を守る」「嘘をつかない」というレベルを超えた倫理をわきまえた次世代の技術者を育てるための教育です.

「生命倫理」

　筆者らは大学院の倫理科目「生命倫理」を開講しましたが，この科目は工学研究科には珍しいものだったと思います. 文献 1) 2) に詳しく書きましたのでご参照下さい. この科目は平成 17，18 年度に文科省から認められた「魅力ある大学院イニシアチブ」予算で電気情報系専攻と応用物理学専攻で始めた「ナノバイオエレクトロニクスコース」の教育科目として始めたものです. この授業はバイオエレクトロニクス時代を迎えて工学研究科の大学院生諸君に工学者特有の機械的発想の殻を脱して生命への畏敬の念を持つ機会や社会現象への洞察の機会を持って欲しいとの思いから始めたものでした. この講義では毎回学内外の論客をお招きして「生命・社会」に関する 1 時間程度の講演をお願いし，30 分前後の院生諸君と講師との討論を筆者がインキュベータとなって行うという形式のものでした.

　写真 1-1 は平成 21 年に野池達也名誉教授をお招きしたときのものです. 野池先生は下水処理の専門家として国際的に知られたかたです. 筆者も毎年 2 回前後の講師を勤めました. 15 回の授業回数のうち，2 回は学内外の施設訪問を行って，バイオエレクトロニクスが担うべき問題を実感してもらっていました. 訪問先にはキャンパス内のナノバイオ関係研究室，大学病院をはじめとする医療機関，終末期医療センター，特別養護老人センター，難病の医療センターなどを班に分かれて訪問してもらいました. 学生諸君には毎回ミニレポートの提出を求めて講師による講演の論点や感想を 300 字程度書いてもらいました. 施設訪問では訪問先の印象や決意を書いてもらっています.

　この授業で学生諸君が一番強い印象をもったものが施設訪問だったようです. 特別養護老人センターを訪問した班はセンター理事長のご配慮で会話のできる利用者さんを数人の学生が囲んでしばらくお話を聞いてもらっています.

写真 1-1 平成 21 年の授業風景（質疑と回答）．講師の野池達也名誉教授は汚水処理に関する著名な研究者・教育者です．学生達から多数の質問が発せられました．

利用者さんの中には親族の訪問が途絶えがちの方もいて，息子や娘あるいは孫に似た学生の手を握って「〇〇ちゃん，よく来てくれたね」「また近いうちに来てね」と言う場面が時々あり，当の学生も親族への思いを強くしたようです．

　東日本大震災の年にもこの授業を継続し，仙台市・宮城県の被災地への訪問やボランティア活動を授業に組み込みました．震災直後から被災地でボランティア活動に取り組んでいた学生もいました．平成 23 年 3 月 11 日に宮城県全体で 9417 名の死者と 2291 名の行方不明者を出した東日本大震災でした．泥にまみれた被災地が仙台駅の東側に広がっていました．その被害の大きさに教員学生共々立ちすくむ思いでした．この年の授業は震災のために開始が 1 カ月遅れの 5 月からでしたから，授業として行った被災地への訪問は 6 月から 7 月でした．それでも被災地の状態は被災直後とほとんど変わっていませんでした．写真 1-2 は震災 1 カ月後の海岸部のものです．高さ 15 m の津波に襲われた村落は壊滅状態でした．

　この「生命倫理」科目の授業は初年度に当たる平成 17 年度，国立病院の先

生にお願いして集中講義として実施していただきました．工学研究科の倫理科目でしたが，受講者は12名余りでした．次年度から筆者が直接担当し，上記のちょっと変わったスタイルの授業にしました．そうしたところ，電気情報系・応用物理のみならず機械系専攻，医学系専攻の大学院生

写真 1-2　東日本大震災1ヵ月後（4.11）の宮城県沿岸部（女川町飯子浜）．

が次々に受講生に加わり，授業開始3年目には受講生が200名を超える授業になりました．現在でもこの授業は続いており，200名前後の大学院生に向けて，筆者の後継を引き受けて下さった方が意欲的な授業を行っています．

JABEE と ABET

　日本技術者教育認定機構，JABEE（http://www.jabee.org），による工学教育審査が平成11年に始まり，平成13年に3校の教育プログラムが初めて認定を受けています．

　JABEEによる審査の重要項目の一つが倫理教育です．工学者，Engineer，は日本ではそれなりの地位を表しますが，欧米ではScientistよりも一段下の地位（船舶では機関長，自動車修理工場なら自動車整備士）ですし，大学に「工学部」を欠く伝統校がいまだにたくさんあります．国力や兵力を担う工業生産の重要性は欧米各国ともに理解しているので，「工学者」にも特別の資格認定が行われるようになってきました．英語圏ではAccreditation Board for Engineering and Technology，ABET（http://www.abet.org），による工学教育プログラム審査があります．JABEEも平成17年にABET審査に加入を認められ，JABEE認定コースはABET認定コースと同等であると国際的に認められまし

た．プログラム認定を受けたコースの卒業生は技術士 1 次試験が免除されて「技術士補」として登録できます．「技術士補」は「技術士」の指導の下で 4 年以上（総合技術監理部門は 7 年以上）業務経験を経て技術士資格試験を受験できます．合格者名は官報で公表され，「技術士」資格が認められて分野により技術コンサルタント業務にも就けます．「技術士」は医師や薬剤師のような法律（技術士法：昭和 32 年制定，昭和 58 年改正，平成 26 年改正）に基づく認定資格です．

　JABEE 認定審査では認定対象のコースが学習・教育目標を掲げた教育プログラムを設定していることを求めています．JABEE の要請では (a)〜(h) 項まで 8 項目の能力を卒業生が身に着けることを要請しています．その (b) 項に "技術が社会および自然に及ぼす影響・効果に関する理解力や責任など，技術者として社会に対する責任を自覚する能力（技術者倫理）" を挙げています．これに対応する ABET の "Student Outcomes" には (a)〜(k) 項までの能力への言及があり，その (f) 項と (h) 項に次のように書かれています．

(f) An understanding of professional and ethical responsibility.

(h) The broad education necessary to understand the impact of engineering solutions in global, economic, environmental, and societal context.

「技術者倫理」や「工学倫理」はこれらの学習・教育目標あるいは Student Outcomes を達成するためのものです．

PE 資格・CEng 資格

　ABET 審査も JABEE 審査も予備審査等は情報系教育分野から始められています．日本では JABEE 審査に先立って，ABET 審査を受けた情報系教育コースもありました．需要が急に伸びたこともあり，情報系教育コースの数が 20 年程で急速に増えたのですが，学校ごとの教育内容（卒業生の専門的な能力）のバラツキが問題になっています．教育審査により高等教育のバラツキを減らして全体の底上げをしようと考えたと聞いています．機械工学，化学工学，土木工学，冶金学，建築学，電気工学のような伝統的な学科ではあまり問題にな

らない点だったかも知れません.

米国の Professional Engineer, PE, 資格や英国の Chartered Engineer, CEng, 資格は工学者として高い価値を持ちます.日本の「工学博士」や「技術士」資格に対応したものです.米国の PE 資格は 1907 年のワイオミング州の資格認定から始まったもので,現在では 4 年間の技術系学部教育後,基礎技術者 (Fundamental Engineer) 資格試験を受験し,合格後 4 年以上の実地研修を PE の指導の下で行うことが求められます.その後 PE の資格試験 (Principles and Practice of Engineering, PE, examination) があります.合格者は PE として認定されます.建築分野ならば,PE は建築物や構造物の設計図面等を署名厳封の上,公的機関への申請が認められます.また,分野によっては技術コンサルタント業を開業できます.

英国の Chartered Engineer, CEng, 資格獲得には工学系あるいは数学系大学院修士課程修了後,CEng の指導の下,最低 4 年間の実地研修が求められます.つまり,大学教育,大学院教育,実地研修と,全体でほぼ 10 年の研修が CEng 資格試験の受験には必要です.CEng 試験は書類審査と口頭試問で行われます.口頭試問は複数の CEng 資格者と議長で構成される試験委員会が行います.CEng 資格と業務はヨーロッパ全体で認められます.

我が国の「技術士」資格は土木工学や化学工学,あるいは機械工学の各分野で評価されています.高等工業専門学校の専任教員採用の際に「技術士」資格獲得者が有利になります.日本では「第 xx 級建築士」,「第 xx 種情報処理技術者」,「土地家屋調査士」,「第 xx 種電気主任技術者」,「第 xx 種電気工事士」「自動車整備士 xx 級」など欧米の PE や CEng 資格に部分的に対応する資格試験があります.現在のところ,日本の「技術士」資格が,これら旧来の認定資格をカバーするわけではありません.我が国の「技術士」制度の設計には無駄があるように思われます.

倫理規定,技術者倫理の七原則,九義務

現在多くの国内外の学会・協会は社会的役割や行動規範について言及してお

り，「倫理規定」を制定してインターネットでも公表しています．最近，会計法上の問題点を指摘されて歴代の社長が3名も退任した大手電気会社も10頁以上の倫理規定を決めています．倫理規定は定めることに意味があるわけではなく，それに従って生産活動し，なおかつ規定自体の見直しを常に実施することに意味があります．

「工学倫理」や「技術者倫理」はなるべくこれらの倫理規定を包含するべきですが，簡素で理解しやすいものとして，日本技術士会の倫理基本綱領（平成23年3月17日）(http://www.engineer.or.jp/c_topics/000/000025.html) と技術士会の提唱する技術者倫理の七原則と九義務 (http://www.engineer.or.jp/c_topics/000/attached/attach_25_3.pdf) を紹介します．

七原則とは公衆優先原則，持続性原則，有能性原則，真実性原則，誠実性原則，正直性原則および専門職原則です．ここで言う「原則」の英訳はCode of Engineering Ethicsであり，米国のPEにも英国のCEngにも同様の原則遵守が

求められています．九義務は注意義務，規範遵守義務，環境配慮義務，継続学習義務，情報開示義務（説明責任），忠実義務，守秘義務，自己規制義務，協同義務を指します．

次章以降この七原則と九義務の内容を紹介します．

練習問題 1

1. ABET の要求する Student Outcomes の一部を本文に紹介したが，それ以外のものは何か調査して示せ．
2. ABET の要求する Student Outcomes に相当する JABEE の審査基準を調査して示せ．必要があれば下記の URL にある書類を参考にせよ．(http:www.jabee.org/accreditation/basis/accreditation_criteria_doc/)
3. 本論では市場性があり，かつ継続性のある商品開発や研究開発には開発する側の倫理的取り組みが大切であるとの論理を立てているが，それ以外の必要不可欠なものがあれば箇条書きにせよ．

参考文献

1) 梶谷 剛：工学教育, **52** (2004), 70-77.
2) 梶谷 剛：応用物理, **78** (2009), 998-999.

2 技術者に課せられた七原則

　技術者として社会に貢献するため，技術者が持つべき「矜持」として技術者には守られるべき倫理の原則があります．日本技術士会の提唱する技術者倫理の七原則と九義務[1]の中から七原則を紹介します．

　この原則は技術者の行動を規定するものですが，その行動を補償するためにはそれに相応しい枠組みが必要です．「技術者倫理」にはこの枠組みについての提案が伴っています．

　我が国の企業風土の中に企業の組織論についての ISO 規格 14001（環境マネジメント）[2]，9001（品質マネジメントシステム）[3]，26000（社会的責任）[4]あるいは 31000（リスクマネジメント）[5]が根付いてきましたが，ここでご紹介する技術者倫理は ISO 規格に沿ったものです．

公衆優先原則

　技術者は生産活動の結果が社会に重大な影響を与えることを充分に認識し，業務の履行を通じて持続可能な社会の実現に貢献すること．つまり，技術者の第 1 番目の矜持は所属企業ないし研究機関における業務が公衆の利益と相反した場合公衆の利益を守ることを最優先とし，持続可能性のある社会を実現するよう努力することを求めています．この原則は本書の 1 章に述べた PE や CEng の行動原則でも第 1 番目に取り上げられており，PE の基本原則（Fundamental canons）の第 1 項においても，

1-1 Hold paramount the safety, healthy, and welfare of the public

と定められています．

　この原則は技術者に一定の個人的負担と決意を要求しています．所属する事

業所や研究機関の業務が技術者の「倫理」と相反する場面があることを想定した原則です．相反する場合の技術者の対応力が試されています．

技術者倫理の授業においても学生の戸惑いが感じられます．しかし，この原則は技術者に個人的な「反抗」や「告発」を要求していません．技術者に，その業務が技術者倫理と相反する場面にその事業所の「責任ある行動」を「導き出しなさい」と要求しています．具体的には職場の業務改善会議等で問題提起して職場の努力目標を立て直すことや，公衆衛生などに反した製品を排除する技術を開発することを要求しています．大切なことは「問題点の指摘」を技術者の責任として行いなさいということです．もしも，所属する事業所が業務を改善しない場合には外部機関や学協会に協力を求めて下さい．

持続性原則

技術者は地球環境の保全等に努力し，将来世代にわたる社会の持続可能性の確保に当たること．技術者は現在および将来世代の利益のために自然環境と人工的に造られた健康的な環境を守り，可能な限りその質を高めるように努めること．技術者は業務の結果として予見しうる環境への好ましくない影響を可能な限り最小にするように日々の業務の中で努めること．

公衆優先原則に基づいて，技術者は問題点を常に改善する方法を考え，職場をリードすることが守るべき原則です．

この原則は各技術者に「いつも真面目に努力せよ」と命じているのではありません．業務の改善や見直しには組織的取り組みと定期的な見直しが必要です．従来，我が国では，ある時に高い行動理念を掲げたとしても，従来の組織論ではその理念を含めて全ての枠組みについて「定期的な総括と見直し」をしていませんでした．この定期的総括と見直しを行うことがリスク管理の基本です．持続性原則は個人的な行動原則を述べたものでもあり，近代的な組織論を主張するものでもあります．

有能性の原則

技術者は自分の力量・専門性の及ぶ範囲の業務に従事し，確信のない業務を行わない．技術者は自分の経験・知識が充分ではない業務を行う場合には事前に学習・研究を行い，必要がある場合には他の専門家の適切な助力を求めること．

この原則を説明するため「水俣病における問題解決遅延」の話をします．水俣病[6] が有機水銀を含む工場廃液によることは昭和31年に水俣保健所にこの病気が報告された次の年，昭和32年に水俣保健所からこの病気が工場廃液によるものだと報告されていたにもかかわらず，厚生省はそれを根拠として認めませんでした．昭和34年には熊本大学医学部の研究結果から水俣湾の有機水銀が原因との報告が厚生大臣に提出されています．ところが昭和35年，東京工業大学の清浦雷作教授から水俣病水銀否定説（アミン説）や，翌年，東邦大学の戸木田菊次教授から「腐った魚（有毒アミン）説」が突然発表され，問題解決を長引かせたわけです．これ以外にも官僚・業界の意を受けて日本化学工業協会大島竹治理事の爆薬説（旧日本軍が戦後爆薬を水俣湾に投機したことが原因）も新聞発表されています．

清浦教授（応用化学，公害問題評論家）は5日間現地調査したものの結論を急ぎすぎています．戸木田教授（薬理学）は水俣まで出向いて水俣湾のヘドロを採取して化学分析するとか，問題の魚や患者から検体を採取して病理分析するなどせずに，自分の専門外の病理学や環境学についての新説を唱えて混乱を招きました．これは技術者の有能性の原則違反であり，矜持に反することだと説明しています．

有能性原則の説明の中で，作動中の科学の特性として，「未知の部分を残した言明」があり，「科学では完璧に説明がつくことはほとんどない」という理解が大切です．しかし技術者も科学者も完璧に説明がつくまでは何も対策を立てなければ，第2種の過誤を犯すことになると説明しています．第2種の過誤とは「正しくない事を正しい」とする過誤です．水俣病のように早くから病理的，実験的，社会的証拠が有機水銀犯人説を示しているところで一部の「学者」が

反対を唱えてもこれを乗り越えて勇気ある行動に移ることやタイムリーな対策を立てることが第2種の過誤を回避することであり，有能性の原則の特徴です．

最近の STAP 細胞を巡る問題でも，その正当性を巡って様々な「専門家」がテレビ等で発言していますが，その「専門家」の専門性に疑問のある場合も多々あり，マスコミ界の科学レベルの浅さが気になります．

真実性の原則

技術者は報告，説明または発表をする場合，客観的でかつ事実に基づいた情報を用いて行うことが求められます．真実性の原則の根幹部分は対外的な義務よりは，自らの業務に対する縛りです．

他社の機器類の類似品を製造する場合，ともするとその動作原理や材料選択の必然性について良く理解しないまま製造に至る場合があります．この原則にかかわる例として，六本木ヒルズの回転ドア事故（平成16年3月）を挙げます[7]．この事故で身長117センチの6歳の男の子が回転ドアに巻き込まれて亡くなりました．この回転ドアは日本のシャッターメーカーが外国の製品を下敷きに製造したもので，外国のメーカーが軽いアルミドアと1台のモーターを採用していたにもかかわらず，日本のメーカー

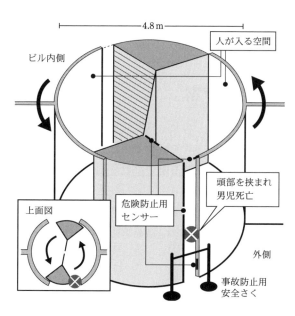

図 2-1　六本木ヒルズの回転ドア事故の説明図

は見てくれを良くするために, 大きな重いステンレス製(骨格は鉄鋼)とし, モーターも2台にしていました. その結果, オリジナルのモデルは重量900 kgだったのに対して, 2.7 tに膨れていました. 安全装置類も警報解除になっているなど手抜き状態でした. この回転ドアは設置以来トラブル続きで, 男の子が亡くなる1年前から当日まで21件の事故(主に巻き込まれ事故)がありました. 重いドアは制動距離もその分長く, オリジナルモデルでは制動距離は短かったのですが, 2.7 tモデルでは25 cmでした. つまり, センサーが働いたとしても人が挟まると制動が間に合わず, ほとんど助けることができない状態でした. 六本木ヒルズの事故の場合は被害者の背が低く, センサーが働かない状態でした. 図2-1に状況を示しました.

　日本のシャッターメーカーは動作原理や危険性を知らないまま外国のモデルを下敷きにしたわけです. 日本のメーカーが製造を開始した時点で外国のメーカーは倒産していました. ですから, 外国の技術者から学ぶ機会もなかったのです.

　真実性の原則を守るためには不断の研修努力が必要です. この原則抜きに, 日本の技術者は世界に羽ばたくことはできません.

誠実性の原則

　技術者は公正な分析と判断に基づいて, 託された業務を誠実に履行すること. また, 業務上知り得た秘密事項を正当な理由なく利益の相反する事業者に漏らしたり, 無断で転用しないことをもって誠実性の原則が発揮される場面としています.

　技術者が託された業務を履行するに当たっては, 事前に業務の範囲を明瞭にしておくことや雇用者と依頼者の利益が相反しないように努めることも要請されます. また, 履行した業務に対する応分の責任を負うことが誠実性の発揮ととらえられます.

　技術者は現場では指導的な役割が期待されているために, 作業者の規律についても慎重な目配りが必要です. 作業者にルール違反が起きる場合には, その

ルールが合理的だったか，ルールが職場に理解されていたか，ルールを軽視する雰囲気が蔓延していなかったか，処罰規定が過酷ではなかったか等の観点からの反省と対策が必要です．

技術者倫理の諸原則は単なる努力目標や観念的な行動原則ではなく，具体的な行動様式を提案するものです．

正直性の原則

正直性とは技術者の信用確保に関する原則であり，欺瞞的な行為や不当な報酬の授受など信用を失う行為を行わないことを原則とします．技術者はデータや計算書の恣意的な処理や改竄，捏造，誇大広告，学歴・業績の詐称などの行為をしないことを意味します．不正な耐震設計書の作製や昨今のSTAP細胞問題など，いくつもの不正事例や不正会計事例があります．これらを防止するための原則が正直性の原則です．

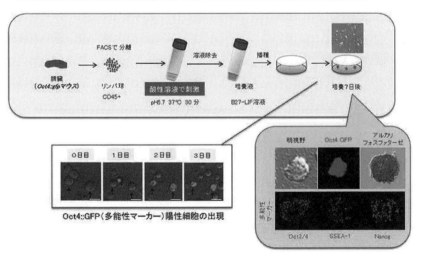

図 2-2　STAP 細胞の作製法として発表された図面[8]．

図 2-2 に STAP 細胞作製方法として発表された図面を示します[8].

技術者は真実に基づいて行動し，自らの専門性に恥じない業績をあげ，できる限り公表の努力を惜しまないことが求められます．正直性の原則が守られない設計図や研究成果は，本人を含め誰も利用できないガラクタです．膨大な研究費と時間，人員を動員したガラクタ研究があったとすれば，それは我が国の知的伝統を汚し，国際的な信用を失墜させる犯罪です．

最近の 30 年余で 6 次元結晶，高温超伝導体，超強力永久磁石，万能細胞など様々な科学的発見がありました．しかし，低温核融合現象や電荷注入有機物超伝導現象，室温超伝導体の発見，STAP 細胞の発見など，本物の大発見をあざ笑うかのようなインチキ研究も多々ありました．正直性原則はそれらの不正行為を防止するための技術者の行動原則です．

専門職原則

この原則に関係するものは，技術者の相互協力の推進，関係法規の遵守，および継続的研鑽の推進です．技術者は公正かつ自由な競争の維持に努めると同時に他の技術者の名誉を傷つけ，権利を侵害し，業務を妨げてはいけません．

関係法令の遵守とは国内法令のみならず，国際条約や議定書，国際規格や各種基準規格類に従うことを意味します．国内法令上不可能な製造法を法令の基準が緩やかな外国で使って製品を生産製造して輸入したり，第三国に輸出するような例がありますが，これは専門職原則に違反します．国内法上許可されない製造方法は環境負荷の高いものであったり，従業員の健康を害するものだったりします．例え利益が大きくても外国の環境や従業員の健康を犠牲にして生産活動をするのは原則違反なのです．

技術者は常に視野を広げ，専門技術の力量並びに技術と社会が接する領域の知識を高め，人材育成に努めることも専門職を担う人物には必要です．

一世代前まで，「科学史」の単位が理系学生に課されていましたが，これに代わる「倫理」科目に注目が集まっています．製造業に陰りがあるところですが，新規商品の開発を任された日本の技術者の責任は重大です．しかし，国際化が進む現在，国際水準の倫理基準を踏み外すことは許されません．それらを理解し，最新の科学知識を身につけた若い技術者ならその責任を果たし，日本の製造業を復興して下さるものと期待しています．

練習問題 2

1. 本論で述べた七原則を生産現場で実効性のあるものにするために何が必要か 3 点程答えよ．
2. 次に挙げた事故の原因は七原則を遵守しなかったことによると思われる．以下に示す事故例から 2 例を取り上げ，どの原則に主に違反したのか理由を付して答えよ（全てについて答えても良い）．
   2.1 東洋ゴムの製造した耐震ゴムの性能が基準に達していなかった事件（2015 年 3 月）
   2.2 東急東横線元住吉駅構内の列車追突事故（2014 年 2 月）
   2.3 アロハ航空機が飛行中に一部破壊し，客室乗務員の 1 人が機内から吸い出されて行方不明になり乗客も 8 名が負傷した事故（1988 年 4 月）
   2.4 JX 水島製油所で海底トンネル工事中に落盤事故が起きて作業員 5 名が死亡した事故（2012 年 2 月）
   2.5 JR 福知山線で通勤電車が脱線転覆し，乗客・運転士合わせて 107 名が死亡，負傷者 562 名が出た事故（2005 年 4 月）
   2.6 東日本大震災直後，東京電力福島第一原子力発電所で 3 基の原子炉建屋が爆発した事故（2011 年 3 月）

参考文献

1) 日本技術士会 (http://www.engineer.or.jp/c_topics000/attached/attach_25_3.pdf)

2) 日本規格協会 (http:www.jsa.or.jp/store/iso-140012015. html)

3) 日本規格協会 (http:www.jsa.or.jp/store/iso-90012015. html)

4) 松本恒雄 監修：ISO26000 実践ガイド（第1版），中央経済社，2011, 東京.

5) リスクマネジメント規格活用検討会：ISO3100:2009 リスクマネジメント解説と適用ガイド（第1版），日本規格協会，2010, 東京.

6) 水俣市立水俣病資料館 (http://www.minamata195651. jp)

7) 失敗知識データベース (http://www.sozogaku.com/fkd/df/CZ0200718.html)

8) STAP 細胞の作製方法（理化学研究所）(http://www. riken.jp/ ～ /media/riken/pr/press/2014/20140130_1/fig3. jpg)：理化学研究所のホームページからすでに削除されている.

＊ web 上で公開されている情報は，日々更新されているため，時間とともに削除されたり，URL が一部変更されることがあります.

3 研究者倫理

研究者倫理の歴史的背景

　山中伸也教授による iPS 細胞の創製[1] に代表される世紀の大発見が相次いだ
この 30 年程でしたが，残念ながらそれに倍する不正研究の「成果」も新聞やマ
スコミで取り上げられ，研究者の日々の「努力」に対する不信感も増していま
す．大発見は政府などによる大型補助金獲得に直結するなど，大きな経済効果
を持つゆえに，能力に限界を感じている研究者の「不正行為」に対する心理的
閾値 (しきいち) が以前より減退しているように見えます．

　研究と呼ばれる行為は大部分が実験的なものですが，理論的なものもありま
す．その両方で不正研究が顕在化しています．不正研究には実験データの改竄
(かいざん, fabrication) や捏造 (ねつぞう, falsification)，他人の論文の剽窃 (ひょ
うせつ，plagiarism)，他の研究者のアイデアや実験データの盗用があります．
論文の共著者名に直接研究に係わっていない者を加えることも不正研究の一部
です．

　そもそも私達が研究や研究成果と呼ぶものは，時代によっては「錬金術」や
「秘術」・「秘伝」に含まれていて，研究者が研究成果を公表し，その成果が産
業振興に役立つのは明治維新後です．欧米でも事情は日本とあまり差がなく，
「錬金術」なくして火薬の調合も鉱山発見や金属精錬もなく，ヨーロッパ陶器
の代表である Meissen 焼きも生まれませんでした．正確な太陽暦の決定など
を除くと 17 世紀までは日本でもヨーロッパでも学者等には研究成果を産業応
用する可能性は意識されておらず，学者同士が研究成果を披露しあったり優先
権を争ったりしていました．有名な争いに微積分学の確立をめぐるニュートン
とライプニッツの 25 年余りの法廷闘争があります[2]．

研究者の見出した知識が工業生産や医学の発展など社会的な価値に直接結び付くのはヨーロッパでは全土の国家制度が一度に崩壊した18世紀の終わりから19世紀初頭までのナポレオン戦争後のことです。イギリスから始まった産業革命がヨーロッパ全土に広がった時期でもあり，近代的な国家制度の下で科学知識の大衆化が進みました。日本の近代化は1867年の大政奉還から始まりましたから，ヨーロッパからそれほど遅れていたわけではありません。日本の明治維新自体，ナポレオン戦争に触発された米国とイギリスの1812年の第二次独立戦争や1861年〜1865年の南北戦争の余波を受けています。歴史学者にはご批判を受けるかも知れませんが，ナポレオン戦争の波が地球を半分廻ってきたものが日本の幕藩体制を崩壊させた明治維新だったと言っても良いでしょう。

歴史はとにかく，近代国家の発展にとって能力のある研究者の寄与は不可欠です。現在のように，我が国周辺に強いライバルがいる環境では特に新しい知識・技術の開拓が重要です。研究者は自己完結的な「真理の探究」が主な役割ですが，多くの場合，研究資金が政府などから提供されているので，探求された知識を社会に還元する努力も不可欠です。研究者が社会の発展に寄与できるようになるための一般的なルールが「研究者倫理」だと思います。「研究者倫理」は単に嘘をつかないとか研究不正を行わないというレベルに止まることなく，社会の維持・発展や後継者の育成，近隣諸国との関係改善などにも及びます。

国内学協会の研究者倫理

研究者倫理についても「技術者倫理」と同様に守るべき「原則」があります。

国内外の学会ではそれぞれ「研究者倫理」に相当する「行動規範」などを制定しています。一例として日本物理学会の「行動規範，2007年版」を紹介します。

（責任）
日本物理学会会員（以下会員と略す）は，物理学の進歩・普及に寄与することを目指す。物理学の研究が社会からの信頼と付託の上に成立していることを自

覚し，常に高い倫理意識のもとに誠実に行動する．

（公開と説明）

会員は，自らが携わる研究の意義，役割ならびに成果を客観性をもって公表する．この際，先行研究との関係を明示し，誤解を招きやすい表現を避ける．また，研究が社会や環境に及ぼす影響に留意し，社会と建設的な対話を行うように努力する．

（研究活動）

会員は，実験データ等，研究に関する情報を適切に記録し保存する．研究成果の，ねつ造，改ざん，盗用，二重投稿などの不正行為を為さず，また，前人の貢献を誠実に評価して研究成果の公表に際して適切に明示する．

（共同研究）

会員は，共同研究者や研究協力者の人格，人権を尊重する．また，共同研究においては必要な情報を互いに交換しながら研究を進め，研究成果には連帯して責任を持つ．

（研究環境の整備）

会員は，公正で透明性の高い研究環境の確立と維持を自らの重要な責務と自覚し，研究活動の基盤となる環境の質的向上に積極的に取り組む．

（他者との関係）

会員は，他者の知的成果などの業績を正当に評価し，一方批判すべきは理由を明確にしつつ批判する．また自らの研究に対する批判には謙虚に耳を傾け，誠実に対応する．

（人材育成，教育活動）

会員は，物理学の発展に資する人材の育成に努力する．さらに，社会における物理学・理科の理解を高めるように積極的な活動を心がける．

（差別の排除）

会員は，研究・教育・学会等の活動において理性に基づく公平性を基礎におき，人種,性,地位,思想,宗教などによって個人を差別せず,自由と人格を尊重する．

（利益相反）

会員は，自らが行う研究，審査，評価，判断などにおいて，個人と組織，ある

いは異なる組織間の利害関係に十分注意を払い，公共性に配慮しつつ適切に対応する．

以上

日本化学会も学会員の行動規範[4]を定めており，原則に相当するものとして，次の「責務」を挙げています．

I. 人類に対する責務

II. 社会に対する責務

III. 職業に対する責務

IV. 環境に対する責務

V. 教育に対する責務

以上

これらの行動規範は共に第1番として技術者倫理における“公衆優先原則”に相当する人類と社会への責務を掲げています．

全ての学術分野を横断的に代表している日本学術会議は「科学者の行動規範」を2006年に決めており，2013年にその改訂版を発表しています[5]．日本学術会議の行動規範は16条に及ぶものですが，その第1条に(科学者の基本的責任)を挙げており，“科学者は自らが生み出す専門知識や技術の質を担保する責任を有し，さらに自らの専門知識，技術，経験を活かして，人類の健康と福祉，社会の安全と安寧，そして地球の持続性に貢献するという責任を有する”としています．さらに第3条(社会の中の科学者)では“科学者は，科学の自律性が社会からの信頼と負託の上に成り立つことを自覚し，科学・技術と社会・自然環境の関係を広い視野から理解し，適切に行動する”としています．

これらは技術者倫理の“公衆優先原則”に“持続性原則”と“誠実性原則”を加味したものと言えるでしょう．日本科学者会議も10条からなる「研究者の倫理綱領」の改訂版を2005年に公表していますが，その第1条でも，“研究者は，科学研究の意義と目的を，自らの科学研究の意義と目的であると自覚し，生命の尊厳，現在および将来における人類の福祉と世界平和の実現に向けて国民各層と連帯する”と述べるなど技術者倫理の“公衆優先原則”を多少違った表現で述べています．

"研究者倫理"の実効性

技術者倫理の"綱領"や学協会の"行動規範"を実効性のあるものとして今後も継承するためには少なくとも2つの努力が必要です．それは，この"綱領"や"行動規範"の公知の努力と継続的改善です．現役世代と後継者世代に対して公知の努力を徹底的に行わないことには綱領も行動規範も実効性のあるものとなりません．また継続的な改善の努力は我が国の文化的伝統にはないものですが，欧米の"弁証法"的方法論には必須のものです．弁証法というとある世代の方には"唯物弁証法"を想起させるかもしれません．"弁証法"は変化する状況に対する改善の一般的方法論として広い応用力を持つものです．高等教育の審査では最近"PDCA サイクル"という言葉でこの"弁証法"を表しています．PDCA とは Plan-Do-Check-Action の略称で，"計画－実行－検証－改善"を意味しています．"サイクル"という表現で"弁証法"によって，計画時と検証後の状態が一段階改善（テーゼとアンチテーゼがあって，ジンテーゼが生まれる）されることを要求しています．このやり方をコイルバネになぞらえて spiral-up という場合もあります．

国内学協会が最近こぞって立派な"行動規範"や"綱領"を造る努力を払ったことは特記すべきです．しかし，それらは言わば燦然と輝く"仏様"を造ったようなものです．"行動規範"や"綱領"を日々の研究活動に適応し，その文言の適合性について PDCA サイクルを廻す努力をはらわないことには近々その"仏様"は輝きを失って単なるお題目に成り下がるに違いありません．このような"行動規範"や"綱領"を日々の研究活動に適応し，その文言の適合性について PDCA サイクルを廻す独自の仕組みを私達が作り出す必要があります．それなくして研究倫理も技術者倫理も有効なものとはなりません．

研究不正を防ぐ方法

文科省は研究不正を防ぐ方法（作法）として次のような勧告をしています[7].

不正防止のための取り組み

ア）研究活動に関して守るべき作法の徹底

　大学・研究機関，学協会においては，実験・観察ノート等の記録媒体の作成（方法等を含む）・保管や実験試料・試薬の保存等，研究活動に関して守るべき作法について，研究者や学生への徹底を図ることやそれらの保存期間を定めることが求められる．これは不正行為の防止のためであるとともに，研究者の自己破壊を防止するためでもあり，自らの研究に不正行為がないことを説明し，不正の疑惑から自らを守るためでもある．

イ）研究者倫理の向上

　不正行為が指摘されたときの対応のルールづくりと同時に，不正行為が起こらないようにするため，大学・研究機関や学協会においては，研究倫理に関する教育や啓発等，研究者倫理の向上のための取り組みが求められる．例えば，大学院において，研究活動の本質や研究倫理についての教育プログラムを導入することが考えられる．このような自律性を高める取り組みについては，特に学生や若手研究者を指導する立場の研究者が自ら積極的に取り組むべきことは当然であるが，まさにそのためにも，このような指導的立場の研究者に対して，研究倫理等の教育を徹底し，内面化することが不可欠であり，大学・研究機関が組織として取り組むことが求められる．

　この勧告に従って先頃から研究者等は研究ノートなどの整理保管と学生等に対する研究者倫理教育を行っていますので，その成果が近い内に現れると思います．この勧告では教育する側は「研究者倫理などの教育をせよ」と言っています．研究不正を防ぐ方法論として倫理教育が語られていますが，研究者を取り巻く環境には様々な落とし穴があり，経済効果が大きく，注目度も高いデータを出している研究者等には金銭的な理由もあり，不正に走る誘惑が大きいものと思われます．それを防止するためにiPS細胞関係の研究者には毎週研究ノートを上司や関係部署まで提出してデータベース化する義務があると聞いています．国際特許の先願権（他のグループよりも早期に知見を得たので特許を取ることが相応しい）を確保する意図もあるようです．

続発する不正研究

西暦 2000 年代に入り，にわかに不正研究例が増加しています．2015 年 11 月 27 日の学術振興会・学術フォーラムで公表された黒木登志夫日本学術振興会相談役の講演資料[8] によると，2000 年代になって研究不正を指摘された結果取り下げられた学術論文のワースト 10 は表 3-1 のようになっているとのことです．驚くべきことにワースト 10 に 3 名もの日本人研究者

表 3-1 撤回論文世界ランキング（原典は文献 9)）

氏名	撤回論文数	国籍	分野
1 藤井善隆	183	日本(東邦大)	医学(麻酔科)
2 Joachim Boldt	89	ドイツ	医学(麻酔科)
3 Peter Chen	60	台湾	工学
4 Diedrik Stapel	54	オランダ	社会心理学
5 Hua Zhong	41	中国	化学
6 Adriam Maxim	38	アメリカ	物性物理学
7 加藤茂明	36	日本(東大)	分子生物学
7 Hendrik Schön	36	アメリカ	物理学(超伝導)
9 Hyung-In Moon	35	韓国	薬学
10 森直樹	32	日本(琉球大)	医学(微生物学)

の名前があります．ワースト 1 も日本人であることにも注目が必要です．この例では不正な麻酔学関係論文を実験事実なしで量産したとの認定が国際的に下されています．日本人ではありませんが，工学・物性物理学関係者も 3 名リストにあります．ワースト 3 位の工学分野の Peter Chen は本名陳震遠という Computer Science を専門とする台湾の国立屏東教育大学機械工学科に所属していた准教授で，130 もの偽名を使って自分の論文の査読を自分で行って論文を量産したとのことです．

ワースト 6 位の Adrian Maxim は電子工学の研究者で，たくさんの論文の共著者として架空の名前を創製したり本人の許可なく共著者にしたりしています．論文内容にしても測定データの捏造，電子回路写真の捏造，存在しない電子回路の報告などをしたと関係学会 (IEEE) から認定されて論文撤回に至っています[10]．ワースト 7 位の Hendrik Schön の超伝導体についての不正研究は我々にとって衝撃的でした．

Hendrik Schön は過去 7 個のノーベル賞に輝く米国随一の物性物理学の研究

所 Bell Laboratory の若手の所員でした．彼の上司は磁性体や超伝導体の研究者である Bertram Batlogg でした．彼等の"発見"は，あまり研究例のなかった有機物半導体の超伝導化についてのものでした．始めの頃は C_{60} という分子の造る結晶の超伝導についてのものだった（現在でも超伝導転移温度は最高 33 K ですが，彼等は 52 K と報告，その後さらに 117 K と報告）ので，あまり違和感がなかったのですが，それが有機物半導体の電荷注入超伝導現象に至った頃，世界中で疑問の声が出始めました．世界中で行われた追試験の結果が思わしくなかったからです．Hendrik Schön らにより論文発表された学術誌は物性物理学の一流誌である米国物理学会の Physical Review B や Applied Physics Letters，イギリスの権威ある科学誌 Nature だったので，世界中の読者が騙されました．Hendrik Schön と Bertram Batlogg は目覚ましい研究成果によりノーベル賞候補になりましたが夢になりました．

　同じようにノーベル賞候補だった研究者にランキング 9 位のソウル大学獣医科大学教授 Hyung-In Moon（黄禹錫，ファンウソク）がいます．彼はヒト胚性細胞捏造事件を起こしています．彼は 2005 年に世界で始めて犬のクローンを造ったこと（これは信用されています）で知られていましたが，同年にヒトの受精卵から胚性幹細胞（ES 細胞）を造ったという報告をして一躍時の人になりました．結局，彼の報告も再現性の問題（その後，一例だけに再現性が認められました）と第三者による倫理的議論を経ずにヒトの受精卵を実験に使うという生命倫理上の問題から批判が集まり，論文の大幅撤回に至りました．

　昨今の STAP 細胞問題でも，ノーベル賞も展望していた女性研究者等が書き，Nature 誌に掲載された 2 本の論文が撤回されています．Hyung-In Moon による ES 細胞研究，Hendrik Schön の電荷注入超伝導体研究および日本女性の STAP 細胞研究を，その影響力の大きさから 2000 年代の 3 大不正研究とする論調もあります．特に STAP 細胞研究の場合には上司の 1 人が自殺に追い込まれるという痛ましい事件もあり，世界中に衝撃を与えています．

金属ガラス研究不正

　高強度バルク金属ガラスの研究を巡り，雑誌「金属」の 2016 年 2 〜 5 月号

3 研究者倫理   27

に元東北大学総長の井上明久氏の研究疑惑が掲載されています [11]~[14]. 井上氏の金属ガラス研究論文は多数にのぼるのですが,多くの論文に内容の重複があり,禁止されている多重投稿の指摘があります. 金属ガラスの機械的強度を実際よりもかなり大きく書いているという指摘もあります [11][12]. 井上氏は2000年度日本金属学会論文賞を受賞するなどして注目され,2006年11月から2012年3月まで東北大学総長に就任しました. しかし,就任直後の2007年から専門家等から論文不正の指摘があり,問題になりました. 齋藤氏および矢野氏 [12]~[14] の指摘によると,井上氏の公表した3000編余りの論文の内,少なくとも25編の金属ガラスに関する論文に問題があり,その内の11編がすでに自主的あるいは強制的に発表取り下げ処分になっています. 齋藤氏と矢野氏の表 [14] によると,井上氏の問題論文には,内容が重なる論文を異なる学術誌などに投稿する多重投稿ないしは自己盗用とオーサーシップ違反(内容が同じ論文でも著者名と論文タイトルが換わる場合)が見受けられ,金属ガラスの機械的強度が異常な高さを見せる,いわゆるデータの捏造 [11]~[13] も指摘されています. これらの不正論文は本章の前段にある不正研究の3つの特徴「実験データの改竄や捏造,他人の論文の剽窃」に該当するものです. 井上氏はこれらの論文を自身の研究業績の柱として数々の論文賞や功績賞を受賞しており,11編の取り下げ論文の内の3編が2006年の日本学士院賞の対象論文になっています(対象を前出の25編の問題論文に広げるとそのうちの7編が該当) [14]. 井上氏の研究不正は単に名声や地位向上に結び付いただけではなく,多額の研究費獲得とも直結していました. 政府(文部科学省,科学振興事業団,新エネルギー・産業技術総合開発機構(NEDO))から提供された資金の一部は文献15)で確認できます. 2001年から2011年まで総額179.7億円になります. 文科省関係予算23.7億円,経済産業省関係予算156億円です. 井上氏は民間資金も得ていましたので,それを含めると数倍になる可能性があります. 政府からの資金は全て税金です. 政府資金を使った研究成果が不正なものだったとすると,その分,国民の税金を無駄にしたことになります. 井上氏等の研究が多少でも日本の新しい産業創出に役立ったのならば,政府資金の使途として無駄ではなかったのですが,井上氏の超高強度金属ガラスは今に至るまで機械部品などに利用

された形跡がありません．超高強度金属ガラスは大変に脆く，地面に落とすと粉々に割れてしまうようです．金属ガラスを用いた固体分子形燃料電池も実用化されていません．

　井上氏は東北大学の総長時代，学内外からの批判の声に対して権力的な対応をしました．その詳細は高橋氏等の報告[11]にあります．

　宣伝された井上氏の金属ガラス研究の「成果」は素晴らしく，多くの民間企業が争って資金提供や研究者の派遣をしました．残念ながら，金属ガラスの機械的強度に大きな問題があることが判明した後では残る企業はありませんでした．

　なお，この件についての海外研究者の関心は高く，科学誌 Nature は編集部の批判意見を公表しています[16]．

研究不正を防止するための外国の取り組み

　研究不正は日本を含む多くの国で起きています．日本の文科省がガイドラインを発表していることはすでに紹介した通りですが，アメリカ合衆国でも保健社会福祉省（Department of Health and Human Services）が生理学・生命科学分野の研究者・学生向けに教科書を出版しています[17]．日本の文科省も前出のガイドライン[7]を出していますが，米国の公認教科書[17]はわかりやすい表現で研究の在り方について次のように述べています．

その第1章で，

　"研究とは決まった方法や決まった解釈のない事実について行う作業であり，研究分野ごとに違った方法論があります．しかし，責任ある研究には次の特徴があります．

1. 誠実性（Honesty）：ありのままの情報を発信し，他の研究者の意見を尊重する．

2. 正確性（Accuracy）：発見したことは詳細に述べると同時に過誤を犯さないように注意する．

3. 効率性（Efficiency）：研究資源を有効に利用し，無駄を排すこと．

4. 合目的性（Objectivity）：現象に忠実に事実を述べること．不適切な解釈を差し挟まないこと．

　最小限，責任のもてる研究には上記4条件が保たれ，さらに，それらと整合した分野ごとの重要な価値とが複合されています．"

　また，1995年にアメリカの学術会議（National Academy of Science）が"科学者のあるべき姿"について次のように述べています．
　"科学的な研究を行う団体においては他の活動主体と同様に信用を大切にしています．科学者はすでに公表されている研究成果を信用します．社会は科学者が得た個々の知見は個人的な思い込みでなく正確に表現しようとしたものだと信じています．科学とその社会性に対する信用により科学の圧倒的な生産性が保証されています．しかし，この信用は科学者の側が倫理的な研究活動に基づいて研究成果を示す場合にのみ得られるものです．"以下略．
　詳しくは次のURL(http://www.nap.edu/readingroom/obas/books/preface.html)を参照してください．

結語

　研究倫理は技術者倫理とほぼ同じ文脈で議論されていますが，未分化な部分が残っています．特に薬学や医学の場合，研究成果の在り方によっては非常に大きな経済的な影響があります．従って研究倫理を守って研究成果を挙げていただくことが私達にとっても死活

問題になります．本章では特定の倫理原則違反について詳しく取り上げませんでしたが，次章から倫理原則にそってその違反例を紹介します．

付記

2016 年 4 月に東北大学工学研究科で「研究の倫理」について講義をした著者の講義録 [18] が公表されていますので参考にしてください.

講義を受けた大学院生から出された 50 件近い質問の中から,参考になると思われる質問例(オリジナルな質問 [18] を参考にしました)と解答例を付録にしました.研究不正に対し,若い人たちが真剣に考えていることがわかります.

練習問題 3

1. 文科省の研究に関するガイドライン [5] と英国の研究に関するガイドラインを比較してその類似性と特異性を論じよ.
2. 撤回論文ランキングの高い著者ら [9] から 1 人を選び,その研究者の撤回論文を 2 編選んで読み,どの部分が撤回されるべき理由に当たるかを述べよ.
3. 日本における「研究者倫理」が各自の分野でどのように成文化されているか調査せよ.
4. 注目される研究には資金の投入が必要であり,その成果には大きな経済効果が期待される場合が多い.一方,知的財産権保護や資金回収の観点から,注目される研究成果を完全に公開することはできない.経済性と公開原則とが競合するのが研究者倫理の特徴になる.どのようにしたら,公衆優先原則に従った研究が実施できるのか述べよ.

参考文献

1) 京都大学 iPS 細胞研究所
   (https://www.cira.kyoto-u.ac.jp/j/research/yamanaka_summary.html)
2) アイザック・ニュートン Wikipedia
   (https://ja.wikipedia. org/wiki/ アイザック・ニュートン .html)
3) 日本物理学会行動規範 (http://www.jps.or.jp/outline/koudoukihan.php)
4) 日本化学会会員行動規範 (https://www.csj.jp/rinri/kodokihan.pdf)
5) 日本学術会議「科学者の行動規範」(http://www.scj.go. jp/ ja/info/kohyo/pdf/kohyo-22-s168-1.pdf)

6) 日本科学者会議倫理規定

(http://www.jsa.gr.jp/commitee/kenri-rinri.pdf#search=' 日本科学者会議 + 倫理規定 ')

7) 文部科学省："研究活動の不正行為に関する特別委員会報告，不正行為に対する取り組み"（http://www.mext.go.jp/b_menu/shingi/gijyutu/gijyutu12/houkoku/attach/1334662.htm）平成 28 年 1 月現在.

8) 黒木登志夫　日本学術振興会相談役講演資料"研究不正"(http://www.jsps.go.jp/j-kousei/data/2015_3.pdf#search=' 黒木登志夫 + 学術フォーラム +11 月 27 日 ')

9) 撤回論文世界ランキング

http://retractionwatch.com/the-retraction-watch-leaderboard/

10) IEEE memorandum, "Retraction of papers with falsified information" IEEE J. Solid-State Cir., 43 (2008) 1339.

11) 高橋禮二郎，日野秀逸，大村泉，松井恵：金属，**86** (2016), 153-164.

12) 齋藤文良，矢野雅文：金属，**86** (2016), 267-274.

13) 齋藤文良，矢野雅文：金属，**86** (2016), 355-362.

14) 齋藤文良，矢野雅文：金属，**86** (2016), 445-450.

15) 東北大学金属材料研究所：研究支援事業等による大型プロジェクト

http://www.review.imr.tohoku.ac.jp/rep-self/02-03/pdf/1-7-4.pdf,

http://www.review.imr.tohoku. ac.jp/rep-self/07/pdf/1-3-6.pdf)

16) Editorials:Nature **496**, 5(04 April 2013).

17) N. H. Steneck（川崎茂明翻訳）："ORI 研究倫理入門責任ある研究者になるために" 2005，丸善，東京.（2007 年版が Department of Health and Human Services, Office of Research Integrity のホームページにある）

18) 梶谷剛：東北大学工学研究科「工学と生命の倫理学」2016 年第 3 回講義録「研究の倫理」(http://www.apph.tohoku.ac.jp/seimei/opinion/160427Kajitani. pdf)

付録 研究倫理についての質問例と解答例

質問例	解答例
研究不正を見抜くには如何にするべきか？追試を実施し,再現性が無ければそれは不正である可能性が高まるわけであるが,怪しい論文は最初からどこか怪しいと考える.どのようなところに注意すべきか？	私達もインチキ論文には大いに影響されています.しかし,他の研究者の報告した研究成果には充分なリスペクトが必要です.それなくして文化は進化しません.全ての研究を自分でやり直すことはできません.同じような研究成果は世界中で出ていますから,新しい研究成果についても検証ができます.研究者にとって重要な能力の1つが他の研究者の研究成果の「検索能力」になります.それがあれば,インチキ研究を見破るのもそれほど難しくありません.
研究者は公表されている研究成果を信用することがあるべき姿として示されましたが,現実には Nature に論文を掲載する3割の研究者は不正を行っており,信用することが難しいと思います.自分たちはこれからどのような視点で研究成果を見れば良いのでしょうか.	研究者にとって守るべき作法の1つが他の研究者を尊敬することです.サッカー選手と同じです.敵をリスペクトするのです.他人の研究成果も取り敢えず正しいと仮定して自分の研究を組み立てます.他人の研究成果を信じているわけではありません.作業仮説として採用しているのです.
大学の研究において,部下（学生や助教など）の研究成果を,上司（教授など）が,自分の手柄として発表する,というシナリオを目にしますが,事実このようなことは起きているのでしょうか.	学科学部や研究所によって事情は違います.学科により研究室から発表される論文の第一著者は常に教授になっています.教授が学生や助手の研究成果を取ったと言われるゆえんです.学科や研究室によっては第一著者は常に研究の実施者になっている所もあります.外国でも様々です.第一著者が一番エライのですが,最後の著者は二番目にエライのです.外国では多くの場合第一著者は研究実施者で最後の著者が教授や主任研究員になります.研究費獲得のためでもあります.エライ人（最後の著者）をもっと偉くすればその人の発言権が増して予算が来やすくなります.
社会に出た時に,思うような結果が出ないことがあるときに不正に逃げないで,きちんと前に進むために良いことは何かありますか？	研究者にとって重要な能力の1つが複眼視です.研究テーマのあれこれを様々な観点で見る必要があります.昔の論文や教科書を点検することも大変重要です.「検索能力」も研究者にとって不可欠な能力です.それで分からなければ同僚や先輩と自由に議論しましょう.「コミュニケーション能力」も必要です.
これまでに論文だけではなく,不正の影響を受けたことがありますか？	授業でも紹介したように有機物伝導体の電荷注入超伝導転移にはかなり騙されました.「室温核融合」にも騙されました.パラジウムに水素や重水素を注入すると核融合すると言われて本当に実験しました.1年位を棒に振ったのです.その結果,中性子は結構あちこちに出るものだと言うことがわかりました.地面から放射性ラドンが染み出て起こる現象でした.騙されてもちゃんと研究すると何か別のものが出てくる場合があります.

3 研究者倫理 33

質問例	解答例
今後研究を行っていくときに、上司にこのデータは良くないから良い値に変更しろと言われた時には、上下関係があり昇進にも響くことを考えると抵抗することが難しいのですが、どのように対処すべきですか.	工学倫理の授業でも取り上げていますが、工学倫理の七つの原則（公衆優先原則、継続性の原則など）に鑑みるとお尋ねの件は「誠実性の原則」に違反しています. 違反事例は沢山あります. 皆さんは工学倫理違反であると言って上司に反省を促して下さい. このような案件は個人的に処理するべきではなく、職場全体の検討事項として QC 会議の議題に取り上げて下さい.
多数の論文が撤回された藤井氏や加藤氏が行ったと思われる実験のために国から支給されたお金は研究不正発覚後は本人から返却してもらうなどの措置はとったのでしょうか？	研究不正がばれてしまった人達の研究費が返還されたという話は聞いていません. 使い得です. 東大の先生の場合はかなり巨額の研究費が文科省からきていました. 個人的には返していませんが、東大全体の予算（年間 2 千億円程度）がその分減らされています. 東北大（年間 1 千億円程度）も同じです. 文科省も黙って取られているばかりではありません.
Nature ほどの一流雑誌でさえ誤り、嘘が含まれていることもある中で、どのように他人の意見を尊重し、受け入れることが望ましいか？	立派な論文が本当に立派かどうか判断するのは自分の責任事項です. 正しい判断力をつけるのも独立した研究者には必要なことです.
研究の内部告発のようなものは無いのでしょうか. 未然に不正研究を防げる有効な手法はありますか？	研究論文が Nature 等の研究雑誌に発表されるためには比較的厳しい審査があります. 同じ分野の複数の専門家が覆面で厳しい意見を編集委員会に報告します. 多くの場合は審査員の意見に従って書き直しになります. 1 度から 3 度位の書き直しになります. Nature 等の場合は発表まで行けるのは30％程度です. 酷いものはその段階で落ちます. 審査委員にも凹凸があるので、すり抜ける場合もあります. 逆に審査員の偏見で落ちる場合もあります. 審査員の出身国ごとに癖があります. 仲間の論文が出るまで論文の発表を抑える審査員もいます.
日本で研究倫理に対する意識が低く、研究不正が続出するのはより具体的にはどのようなことが原因なのでしょうか？日本人の国民性や社会の仕組みと何か関係があるのでしょうか.	平均的には日本の研究者の研究倫理が他の国に比べてとりわけ低いとは思いません. ただ、低い人は大変低いというのが気になる所です. 研究という仕事を出世や地位保全の手段と考える人達も確かにいるので問題です. 日本人の国民性は真面目ですから、戦前の軍部のようにかなり偏った人達もいるということではないでしょうか. 研究者同士の公平な批判という文化が欧米より弱いのも問題を長引かせている原因ですね.

質問例	解答例
撤回論文世界ランキングを見ると日本は医学分野や生物分野のような生命に関わる分野の撤回が非常に多く感じましたが，その理由は何かあるのでしょうか？近年，研究に対する考え方に変化があるのでしょうか．	生命化学は物理や工学に比べて比較的閉ざされた世界のようです．研究の歴史も浅いわけです．そのために研究者同士の切磋琢磨の機会が少なく，オヤマの大将を名乗ることが許されるようです．生命化学に製薬会社の巨大マネーが関係するケースもあって，そのような事件が助長されていると思います．
研究者の倫理観を高めるためには何が必要でしょうか．	研究者倫理とは何かをきちんと文章として理解することだと思います．
日本の研究者が研究不正をすることで生じる一番の損失となるものは何ですか．	日本の研究者の信頼性を失わせることです．従来は日本人は真面目で嘘をつかないと思われてきた訳ですが，そうではない場合もあると証明したようなものです．
研究者が，企業や監督官庁からの圧力を感じず，のびのびと研究するためには，どうすることが必要でしょうか．	社会から切り離された「研究」はあり得ません．研究は「真理の探究」のような自己目的で行う部分と社会への貢献を目的で行う部分とがあります．工学の研究は後者の部分が大きい訳です．それをプレッシャーと考えるのは考えすぎでしょう．自分の知識を広げ，自由な発想で素晴らしい研究成果をあげるのが研究という作業です．
STAP細胞で問題になった元理研の女性研究者について疑問があります．私は研究機関の方にも問題があると思っています．メディアの取り上げ方が一方的に彼女ただ一人を悪者のように扱い，彼女は学位まで失ってしまいましたが，研究不正を防ぐ研究機関の仕組みにも問題があると考えています．	彼女は平均的な日本人の感性を持った人ではないようです．多くの論文を読み，実験を様々組み立てて仮説を徐々に前に進めて行くタイプではなく，アメリカの先生のアイデアに忠実に実験して成果を得たという早手回しな方法論を採っています．研究の各ステップを記録していないのも気になる点です．「注目を集めたい」とか「偉くなりたい」とかいう感情によって行動してきているように見えます．確かに彼女の所属していた研究機関の仕組みにも問題があったと思います．特に人事面に冷静さを欠いていたと思います．
日本が世界に比べて不正研究が多いというが，その原因は？	日本だけが不正研究が多いわけではありません．不正だと思わない幼稚な研究が世界中で山のように発表されています．彼等に必要なことは倫理教育ではなく，基礎的な知識の伝授，訓練の徹底です．日本の不正研究は幼稚さからくるものではないのが問題です．厳しく断罪されると不正は減るようにも思いますが，角を矯めて牛を殺すようなことがおきるとさらに問題です．健全な批判精神のある研究者に育ってください．

3 研究者倫理   35

質問例	解答例
研究する上で必要な論文を参考にしますが，その論文が信用に足るかどうか，どのように判断しますか？	最も簡単な判断基準はその論文の引用例の数です．多くのデータベースにその論文の引用頻度のデータがあります．他の研究者が書いた論文に 10 回程度引用されていれば，取り敢えず信用できると判定します．

4 公衆優先原則

　公衆優先原則は多くの国の工学倫理あるいは技術者倫理の第1番目の原則に挙げられています．平たく言えば，"工学者あるいは技術者は人々の安全を担保し幸福をもたらすように仕事をしなさい"という原則です．工学倫理あるいは技術者倫理とは"技術者の矜持"であると最初に述べたのですが，公衆優先原則こそ第1番目の矜持です．この原則は自国民に対する矜持であると同時に他国民に対するものでもあります．この原則は宗教者のいう"愛の精神"や"慈悲の心"のような響きがあるので，観念的な印象を与えますが，"工学倫理"あるいは"技術者倫理"をわきまえた者が強制される"行動原則"です．

　この原則に従った行動には望ましくない結果を防止するという"消極的行動"と望ましい結果を招来しようとする"積極的行動"とがあります．以下積極的行動例と原則違反例をあげます．

本田技研工業の CVCC エンジンの開発 [1]

　日本の自動車技術の評価を一段上げた例として知られている CVCC（Compound Vortex Controlled Combustion）エンジンは，現在では世界中のガソリン駆動エンジンに利用されている希薄燃焼方式を世界ではじめて実用化したものです．1970 年 12 月にアメリカ合衆国で発効した厳しい排気ガス規制法（この法案を提案したマスキー上院議員の名前を採ってマスキー法といわれています）にはじめて対応したものになりました．マスキー法は，当時光化学スモッグに悩まされていたカリフォルニア州や東部諸州のアメリカ合衆国民から支持されていましたが，アメリカ自動車工業界からは実現不可能な（クレージーな）法案だと言われていました．

4　公衆優先原則

写真 4-1　1973 年 12 月 13 日に発売された HONDA-CVCC エンジン搭載の CIVIC 量産第一号車 [1)]

　世界中の自動車メーカーはそれなりに努力をしていたのですが，日本のオートバイメーカーだった本田技研工業が画期的な自動車用エンジンを開発したことが衝撃的でした．この CVCC エンジンを搭載したコンパクトカー，HONDA-CIVIC，は 1973 年に米国環境保護庁 (EPA) のテストの結果，この規制をクリアすることが認められています．このエンジンの開発は本田技研工業の本田宗一郎社長のリーダーシップによるものでしたが，期待に応えた若い技術者たちの努力によるものでした．開発成功の報に接して本田宗一郎氏はその経済的将来性に欣喜雀躍したそうですが，彼らからこの発明は「排気ガス問題を減らし，少しでも空気が綺麗になるように願って開発したものだ」と言われて大いに反省したということです．写真 4-1 は CVCC エンジンを搭載した HONDA CIVIC の量産第一号車です (1973 年 12 月 13 日発表)．

　本田技研工業の CVCC エンジンは世界中の自動車メーカーの参考とされ，その基本概念である希薄燃焼方式がその後の環境に優しい自動車エンジンの基本構造になっています．CVCC エンジンの開発で私達が銘記すべき点はこのエンジンの開発に関して，本田技研工業は 1972 年の発表時点で CVCC エンジンの総合特許と 230 件もの派生特許を出願していましたが，それらを同業他社に

無償で公開したことです．これは今でも語り継がれる日本の技術神話です．

　CVCC エンジンの基本構造はディーゼルエンジンや漁船の焼き玉エンジンを参考にしたものと言われていますが，環境基準を守るために大胆なエンジンの改造を行った点も工学の在り方として感慨深いものです．また，この希薄燃焼方式はエンジンの燃料効率の大幅な改善ももたらしました．CVCC エンジンの成功により本田技研工業の評価が高まり，世界の自動車メーカーとして知られるようになりました．若い開発エンジニアの中から久米は三代目，川本は四代目の本田技研工業の社長に就任しています．

技術者倫理上の注目点

　CVCC エンジンの開発を巡る若い技術者の示した「矜持」とそれにこたえて特許の無償公開を決定した経営陣の「矜持」こそ私達が参考にすべき公衆優先原則の発揮です．彼等の達成した成果により日本の自動車技術の信用が高まり，その後の日本車の大量輸出へと繋がったのです．それまでの日本車は自重2トンの米国車に比べるとおもちゃのように小さく，新車の価格が米国車の5年程経過した中古車より安いものでしたからお金持ちの買うものではありませんでした．それが，1973 年の第一次エネルギー危機以降，ドイツ車と並んで日本車，とりわけ HONDA-CIVIC が人気車になりました．

　私達がこの事例から教訓とすべきことは，倫理の原則を守ること，あるいは倫理原則を守っていることをアピールすることが事業的な成功に結び付くのだということでしょう．

インドボパール化学工場爆発事故 [2]

　1984 年 12 月 2 日深夜から 3 日夜明け前まで，アメリカの化学メーカーであるユニオンカーバイドの子会社ユニオンカーバイド・インディア社のマディヤ・プラデーシュ州ボパールの工場から猛毒のイソシアン酸メチルが 40 トン漏洩し，ガス状になった猛毒ガスが寝静まったボパールの町を襲いました．その結果 12 月 3 日までに市民 2,000 人が死亡し，15 ないし 30 万人が負傷しました．

写真 4-2 2009年11月18日に撮影されたインドボパールのユニオンカーバイドの殺虫剤工場の廃墟．町には後遺症を抱える市民が残っている（写真：AFP＝時事）．

　その後も死者が増えて数カ月以内にさらに1,500名が亡くなり，最終的な死亡者数は15,000人から25,000人に達したと考えられています．イソシアン酸メチルは呼吸器を犯す猛毒なので，被害者の苦しみは大変なものだったはずです．

　工場が丘の上にあったという条件，当日の晩は大気の逆転層（気温が地上で低く上空で暖かいので上昇気流ができない）があってガスが溜まりやすい状況だったこと，弱い風が町の方向に吹いていたこと，丘の下には貧しい市民の住宅が密集していたこと等が災いしたと言われています．

　イソシアン酸メチルは製造目的物だった殺虫剤の中間反応物でしたが，反応装置の不具合により，本来零度程度に保たれるべきところ，誤って200℃もの高温状態になって貯蔵タンクが爆発しました（写真4-2参照）．

事故原因

　この事故の直接の原因は製造装置の維持管理体制の欠陥です．この工場の製造装置の配管は定期的に水で洗浄されていました．事故当日にも洗浄が行われ

ていたようですが，作業員が決められていた作業手順を省略したか見落としたようです．作業は区画ごとに仕切り板を入れて水洗して水を流し出す行程で行われるべきだったようですが，仕切り板を使っていなかったと判定されています．そもそもインド工場には仕切り板は設置されていなかった可能性もあります．そのために大量の水がイソシアン酸メチルのタンクに流入し，タンク内壁と反応して爆発に至ったと考えられています．爆発したタンクは本来なら外から水で冷却できたはずでしたが，水不足で不可能だったり，余分なイソシアン酸メチルガスを焼却する装置が修理中で利用できなかったりしたことも被害を大きくしています．緊急時に必要な中和剤もなかったようです．この状況は2011年の福島原発の爆発事故とよく似ています．

事故の背景

この工場は危険なホスゲン（CCl_2O，図4-1）を原料にしており，アメリカ合衆国内では環境基準を満たすのが難しく，工場の新設は困難なものだったと言われています．この工場の設備はユニオンカーバイドが自国（West Virginia 州）で設置していた殺虫剤の工場より簡略化されていたので，さらに安全性に問題があったようです．当時米国人技術者はインドにおらず，経験の足りないインド人だけで運営されていました．

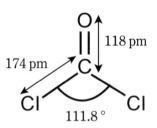

図4-1 ホスゲンの構造．第一次大戦時に毒ガスとして利用された．1994年9月，江川紹子記者がオーム心理教の信者に襲われた時に使用されている．

大変残念な事故と言わざるを得ません．ユニオンカーバイドには外国の国民を自国民以上に大切にする姿勢がなかったように思えます．安全装置類を簡略化した事実や，危険な工場を人口密集地を避けて設置する配慮もなかったわけです．もちろんインドでは設置基準が緩いこともあったでしょう．

装置類の洗浄に際しては爆発の危険に備えて冷却水を確保することや中和剤を用意し，焼却装置の整備も必要でした．この工場では，作業員や技術者の教育も足りなかったと思われます．危険を伴う洗浄作業は恐らくカーストの低い

人達に任せていたと思われます．さらに残念なことにボパールの医師達にはこの工場の危険なガスに対する対処法が伝達されていませんでした．

これら全てが史上最悪とされる毒ガス事故の背景にあります．

技術者倫理上の問題点

この事件はユニオンカーバイド社に対して刑法上の罪が問われるべきものですが，技術者倫理から見て"公衆優先原則"違反であることも明白です．倫理原則違反を問われるべきは工場を管理していたインド人および米国人技術者達です．現代のように世界中に工場や取引先のある事業所で働く技術者には国境を越えた厳しい倫理原則の遵守が求められています．

外国で仕事をする場合には，その国特有の社会制度にも配慮が必要です．日本なら，ある程度の教育を受けた作業員を集めることや，それらの人達に専門教育をすることは困難ではありませんし，自主性を重んじて作業を任せることもできます．しかし，カーストのような厳しい身分制度のある国では教育を受けた作業員がそもそも存在しない場合もあります．その国は"カーストは社会に安定をもたらす制度であり，民主主義とは関係がない"と主張する階級の人に支配されています．アメリカ合衆国ですら状況は似ています．危険な作業をする人員の肌の色と作業を指揮監督する技術者の肌の色は違います．自動車製造業で働く人種とIT業界を支配する人種も違います．宝石店主になれる人種は極めて限られています．隣国では，現在でも"上位身分（両班；やんばん）の人が多少でも肉体労働を伴うような自らの身分に相応しくない作業することは身分秩序を乱す"と考えています．厳しい安全基準があっても，それを適用しないようにお金で解決する社会もあります．激しい水質汚濁や大気汚染が起きる背景にそれらがあります．日本でも1970年代まで激しい水質汚濁や大気汚染があり，水俣病，イタイイタイ病，四日市喘息，川崎喘息などの公害病が蔓延したことがあります．

公衆優先原則は我が国の一般市民にとっても生き延びるために必要な最低限の要求条件だったのです．

大阪エキスポランドジェットコースター風神雷神Ⅱ事故[3]

　本件は2007年5月5日子供の日に起きた痛ましい事故です．死者1名負傷者20名を出しました．エキスポランドは1970年に開催された大阪万博のアミューズメントゾーンとして作られ，閉幕後，1972年に営業を再開したものの，2007年の事故以来経営不振になり，2009年2月をもって閉園しました．現在は同じ敷地に遊戯施設エキスポシティが設置されています．

　この事故は立ち乗り型のジェットコースター風神雷神Ⅱ（風神車両が1編成と雷神車両が1編成）の風神車両の1本の車軸が走行中に振動等によって破壊して車台が傾いたために19歳の女性乗客が軌道脇の鉄柵に頭部を挟まれ即死しました．同じ車両に乗り合わせた女性乗客1名も鉄柵と衝突して重症を負い，合計20名の乗客が車両の一部と衝突して負傷しています（図4-2参照）．さらに事故後，調査委員会が雷神車両も検査しましたが，風神車両とほぼ同じ車軸の亀裂を見つけており，近い将来に雷神車両も大事故を起こすところでした．

図4-2　風神雷神Ⅱの脱線事故．車軸が取り付け部分で折損した．

4　公衆優先原則

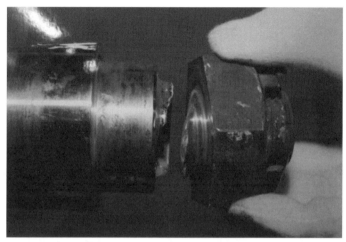

写真 4-3　風神車両の折損した車軸．破断面には疲労破壊特有の縞模様がある[3]．

　この事故の原因は繰り返し変形された車軸の疲労破壊であると判定されています．疲労破壊はよく知られた現象で，部品の定期的な点検や交換がなされていればほぼ完全に防ぐことができます．写真 4-3 に破断した車軸を示します．
　事故後，事故調査団はエキスポランドから驚くべき事実を知らされました．この車両は日本のメーカー（トーゴ社）が製作したものでした．事故防止のために車軸の 8 年ごとの交換を推奨していましたが，エキスポランドでは 1992 年設置以来，15 年間一度も車軸を交換したことがなく，定期交換すべきだとは認識していなかったのです．事故に先立つ 5 カ月前の 2007 年 1 月に定期検査が目視だけで行われており，本来行われるべき JIS 検査基準にある軸の超音波や蛍光試験液による探傷試験あるいは打音検査は実際は実施されず，遊具の設置場所である吹田市に対して，すべての検査項目が「A（指摘なし又は良好）」と報告されていました．また，定期検査の際に実施すべき分解点検は，5 月 15 日に先送りされていました．従来よりエキスポランドの技術担当職員が超音波探傷や打音検査を実施したことはなかったと判定されています．つまり，風神雷神 II は 1992 年 3 月に設置以来，15 年間本質的な安全検査を経ずに運営されていたのです．

法的背景

　遊戯施設の運営に関する日本工業規格があります[4]. それによれば, エレベータを含む動力で動かされる施設は, 1年1回の探傷試験を行う義務があるとしています. さらに, 建築基準法施工規則第12条第3項では, "昇降機, 遊戯施設および建築設備等の所有者は定期的に国土交通大臣が定める資格を有するものに検査させ, その結果を特定行政庁に報告しなければならない." としています (この条文は2008年に改訂されています).

　エキスポランドの技術部長は建築基準法に規定されている検査を行う資格「昇降機検査資格」を3年前から有しており, 業界の安全講習会の講師でした. しかし, 裁判では1年1回の定期試験を行うべきことは承知していなかったと証言しています. そもそもこの資格認定は高等教育課程 (大学, 高専その他)の機械工学, 電気工学, その他これらに類する工学に関する課程を修了した人に実務経験2から3年を経て受験資格を与えるものですから, 車軸の損傷を検出する手段や必要性を認識していなかったはずはありません.

業界マニュアル

　遊戯施設の安全性確保が営業上必要不可欠な条件ですから, 「遊戯施設・安全管理マニュアル」を遊園施設の業界で制定していました[5]. 業界マニュアルはエキスポランドの社長が会長であった「全日本遊園施設協議会」が1996年に通達したものでした. そのマニュアル通りに運営されていなかったのがエキスポランドだったというのは悲劇的なことでした. このマニュアルでは, "コースターの車軸は1年1回以上の探傷試験を実施し周期を伸ばしてはならない"と謳っていました.

行政側の対応

　この事故を受けて, 監督官庁の国土交通省が全国の遊戯施設にジェットコースターの安全点検を命じたところ[3], 5月18日時点で, 緊急点検を終えた103施設の256基のうち, 車軸, 車輪, レールに亀裂, 破損があったのは, 5施設

の 7 基でした．また，探傷試験の実施については，139 施設 306 基についての回答では，設置後 1 年以上の 297 基のうち，過去 1 年以内に車軸の探傷試験を実施していなかったのは 89 施設の 119 基，探傷試験を一度も実施していなかったのは，61 施設の 72 基でした．

　この事件を受けてエキスポランドの責任者は起訴されていますが，確定された判例では株式会社エキスポランドに罰金 40 万円が課せられ，取締役総括施設営業部長と同社の（ジェットコースター）施設営業部長に懲役 2 年執行猶予 4 年罰金 40 万円が課せられ，虚偽の安全報告書を吹田市に提出した責任者の技術部長は罰金 20 万円の科料になりました [6]．無残な死を遂げた 19 歳の女性や 20 名の負傷者を出した事故にしては割り切れない判決でした．

技術者倫理上の問題点

　エキスポランドの事故は被害者の悲惨さゆえに我が国の遊戯施設のありかたに潜む危険性を改めて認識させました．技術部長の報告義務違反と経営者側の安全性無視がありました．この施設で働く技術者にも経営者にも "公衆優先原則" に基づいて利用者の安全を守る義務がありました．

練習問題 4

1. 1968 年カネミ倉庫株式会社の発売した PCB を含む食用油「カネミライスオイル」を摂取したことによる中毒事件について調査し，その「概要」，「背景」，「法的問題点」，「公衆優先原則に違反する点」について報告せよ．
2. 携帯電話や PC をインターネットを通じて乗っ取る「コンピュータウイルス」について調べ，その「概要」，「背景」，「法的問題点」，「公衆優先原則に違反する点」について報告せよ．

参考文献

1)　HONDA-CVCC エンジン

　https://ja.wikipedia.org/wiki/CVCC

　http://www.honda.co.jp/factbook/auto/CIVIC/19731212/02.html

http://www.honda.co.jp/50years-history/challenge/1972introducingthecvcc/index.html

2) 小林光夫，田村昌三：“失敗知識データベース”.

http://www.sozogaku.com/fkd/hf/HC03000003.pdf# search='ボパール'

3) 失敗事例＞エキスポランド ジェットコースター事故

小林英男：http://www.sozogaku.com/fkd/cf/CZ0200802.html, 図 7

http://matome.naver.jp/odai/2140091648532261401

4) JIS A1701:2006

5) 遊戯施設安全管理マニュアル（2016 年現在版）

http://www.city.yokohama.lg.jp/kankyo/park/yuugu/pdf/manual-2.pdf

6) 神風雷神 II 事故　判決

http://www.courts.go.jp/app/files/hanrei_jp/214/038214_hanrei.pdf

5 持続性原則・有能性原則

　持続性原則は技術者の作り出した製品や状況についての継続的な責任について要求されたものです．有能性原則は各技術者の専門能力の範囲について自覚を喚起するものです．

　技術者は雇用者の要請に応じて製品を製造する責任を負いますが，その製造物が消費者に手渡された後にも製造責任の一端を持ちます．製造物の善し悪しの法律上の責任は製造会社や販売会社にありますが，構造上あるいは構成元素，不純物管理などの責任は製造した技術者にもあります．技術者は理想的な材料を使って理想的な製品を安価に製造して消費者に届けたいと考えるものですが，様々な事情のために理想通りではない製品を"忸怩たる思い"で消費者に届ける場合に持続性原則が問われます．また，製造した製品が長期，短期に社会に対して与える影響について責任があります．製造中や製造直後には気がつかなかったことが長期にわたる使用により明らかになる場合もあります．技術者はそれらの責任を回避してはならないのです．それが持続性原則です．法律上の義務としては"製造物責任"あるいは"注意義務"にあたる場合もあります．

地球温暖化問題と持続性原則

　温室効果ガスによる地球温暖化が世界的な問題として認識されるようになり，1988 年に世界気象機関 (World Meteological Organization: WMO)[1] と国連環境計画 (United Nations Environment Programme: UNEP)[2] の呼びかけにより，政府間パネル (Intergovernmental Panel on Climate Change: IPCC)[3] ができています．IPCC から各国の政策決定に影響をあたえる「評価報告書」が出ており，

2014 年に第 5 次報告書の統合報告書が加盟国政府により承認公表 [4] されています.

IPCC の報告書作成は第一作業部会報告書（自然科学的根拠），第二作業部会報告書（影響・適応・脆弱性）および第三作業部会報告（気候変動の緩和）と関連する特別報告書をまとめたものです．この報告書に基づいて「気候変動に関する国際連合枠組み条約（UNFCCC）」が締結されました．この条約は各国に温暖化ガスの排出規制を強制するものなので，通常の形式では批准が困難になっています．条約自体は 1994 年に 155 カ国が署名して発効しました．同時にこの条約の実効的運用のために，気候変動枠組条約締結国会議（Conference of the Parties, COP）が造られ，毎年開催されており，2008 年には各国の排出枠を定めた京都議定書が採択されています．残念ながら，この議定書には最大の排出国の米国は加わっておらず，日本も 2013 年に国際公約を破棄しています．この会議は毎年開催されており，第 21 回目に当たる COP21 が 2015 年 11 月 30 日から 12 月 11 日までフランスで開かれました．この会議では IPCC 報告に沿った内容の決定がなされています．COP21 では，「パリ協定」が成立し，"政界共通の長期目標として平均気温を 2 度削減する目標のみではなく，1.5 度減以内にすることへの言及．主要排出国を含むすべての国が削減目標を 5 年ごとに見直し，提出する．さらなる目標設定を実施する．" など 10 項目が合意されています．

第 5 次 IPCC の「自然科学的根拠」を議論する第一作業部会の骨子は次の通りです [5].

- "気候システムの温暖化には疑う余地はない" 気温，海水温，海水面水位，雪氷減少などの観測事実が強化され温暖化していることが再確認された．
- "人間の影響が 20 世紀半ば以降に観測された温暖化の支配的な要因であった可能性が極めて（95％以上）高い"．前回報告書（第 4 次報告）では可能性が非常に高い（90％以上）だったが，さらに踏み込んだ表現になった．
- 今世紀末までの世界平均温度の変化は RCP（Representation Concentration Pathways）シナリオによれば，0.3 〜 4.8℃の範囲に，海面水位の上昇は 0.26 〜 0.82 m の範囲に入る可能性が高い．

5 持続性原則・有能性原則

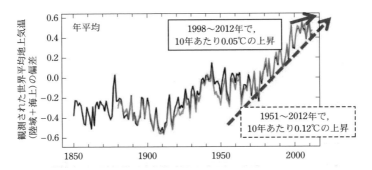

図 5-1 IPCC 第 5 次報告に掲載された世界平均地上気温の変化[5]

・気候変動を抑制するには，温室効果ガス排出量の抜本的かつ持続的な削減が必要である．
・累積 CO_2 換算排出量とそれに対する世界平均地上温度の応答は，ほぼ比例関係にある．最終的に気温が何度上昇するかは累積総排出量の幅に関係する（CO_2 換算排出量とは 76％ CO_2，16％ CH_4，6％ NO_x ($x=1$ or 2) および2％フロンガスの温室効果を足したもの）．

図 5-1 は IPCC 第一作業部会報告[5]に載せられている図面です．平均地上気温の年変化を示したものです．直近の 5 年に限ると平均気温があまり変わっていませんが海洋の熱蓄積が進んでいます．

IPCC 報告が技術者倫理と直接関係する部分は「科学的根拠」にあります．IPCC 報告と合致あるいは矛盾する様々な説や意見が「政治家」や「学者」から発せられています．しかし，2007 年のノーベル平和賞は IPCC とクリントン政権時代のアメリカ合衆国元副大統領アル・ゴア氏に与えられています．アル・ゴア氏は映画"不都合な真実"[6]で地球温暖化と CO_2 の積算総排出量の相関について説得力のある説明をしています．この映画が公開された直後から政敵・産業界あるいは一部の学者からゴア氏の主張は不適当で意味がないとの批判が相次いだのですが，大多数の気象学者等やヨーロッパの政治家から支持されてノーベル平和賞受賞になりました．ゴア氏が海面の上昇率を不自然に高く言ったなど，不適切な点もあったのですが，人間の文明が造り出した温室効

果ガスが世界の気候を変化させているという主張は正しいとされて現在に至っています.

　ゴア氏はいくつかの環境改善関係の事業所の代表もしていたので, 我田引水との批判もあり, またその主張は温室効果ガスの削減には原子力発電所建設しかないとの主張にも聞こえ, 原発推進運動ではないかとの批判もありました.

　学界からの反論の一例としてアラスカ大学フェアバンクス校名誉教授の赤祖父俊一氏の説を紹介します. 赤祖父氏はオーロラ研究で知られている地球物理学分野の碩学ですが, 気象学者でも気候学者でもありません. 赤祖父氏[7]はIPCC の警告は不正確な情報による間違ったものだと言います. 現在の地球の気温は中世 (1400 年〜 1800 年) の小氷期からの回復による気温上昇が支配的であり, CO_2 の環境に与える影響よりは元々ある地球の気候変動周期が与える影響が大きいとしています. 確かに, 中世の小氷期は 17 世紀に限定されたもので, 15 から 16 世紀は温暖だったようです. 赤祖父氏の主張は "人間の排出した CO_2 ガスの効果は限定的であり, IPCC 一派は政治的だ" というものです. 地質学者の丸山茂徳[8]という東京工業大学の特命教授もいます. 丸山説では "世界の CO_2 の総量は文明の進展により 1 万分の 1% 位増えただけであり, 直接温暖化に寄与しない. 温暖化をもたらしているのは水蒸気 (雲) である. 現在太陽の活動が高進している. " とのことです. 丸山教授も気候学者でも気象学者でもありません. IPCC 報告に対する私的な批判はインターネット上に現在でも沢山あります[9].

　第 5 次 IPCC 報告は IPCC に加盟している国々から推薦された 3000 人の気候, 気象, 地球物理学者, 社会学者などから 831 名を選定し, 彼等の共同作業によって造られています. 第一作業部会が「自然科学的根拠」に関する報告書を作成しています. 執筆された論文を研究者と政府関係者約 2500 名が査読 (批判的に読み, 執筆者に質問をする一方, 不適切と思われる部分の改訂を要求します. その際には査読者の名前や連絡先などは伏せられます) して最終案を作成します. その後, 委員数約 300 名の作業部会で最終案を検討・修正し 600 名の委員からなる総会に提案され承認されます. これだけの作業には時間が必要なので, IPCC 報告は, ほぼ 5 年ごとに更新されています.

5 持続性原則・有能性原則 51

　地球温暖化の予想と原因に関する解析結果は 1990 年の第 1 次報告以来年次ごとに正確性を増しており，第 5 次報告では細かい気候変動も含めて 1950 年以降の世界の気候変動を正確に反映する気象予測計算ができています．従って，今後の 50 年の気候予想も可能です．現在の計算モデルには海洋による熱吸収が深層に及ぶ効果や地球の周期的寒冷化，火山性ガスや排気ガスに含まれるミストによる太陽光の遮蔽効果なども考慮されています．最近，地球温暖化に伴い気温変動幅や降水量の変動幅が大きくなり，集中豪雨が世界の彼方此方で起きていますが，その起きる場所や時期についての計算機シミュレーションも可能になっています．

　IPCC 報告に対する様々な批判や反論の中には特定の事業者による意図的なものもあり，前国連事務総長潘基文氏 [10] も次のように警告しています．
"Science has spoken. There is no ambiguity in their message. Leaders must act. Time is not on our side."

　科学は様々な可能性を前提条件なしに自由に検討することで成り立っています．従って科学者は自らの専門的見地から IPCC 報告を批判することが許されます．ただし，「専門的見地」が自らの専門性の及ばない範囲についてのものでは困ります．地質学者が地質学に基づかずに気候問題について意見を述べることは「科学」的ではありません．

　多くの学者や観測データに基づいて客観的に作製された IPCC 報告の言う地球温暖化は 95％以上の確率で正しいと考えるべきです．もっと重要なことは前国連事務総長の指摘するようにこの事実を世界の政策責任者がどのような政策の下に改善するかという点にあります．科学的に 100％正しいと証明されるまで何もしなくて良いという政策責任者や事業者あるいは技術者もいます．これらの人達は「持続性原則」違反なのです．自らの政策の遂行や技術的活動によって温室効果ガスの蓄積量が増えたとします．IPCC 報告はそれが地球温暖化に寄与すると言います．その責任を回避することは「持続性原則」違反になります．専門性を有しながら IPCC 報告を正確に理解せず温室効果ガスの垂れ流しを放置したり，防止技術を軽んじたりすることも「持続性原則」違反です．

　科学的に 100％の確率を証明することは統計学的に不可能です．つまり科学

的ではありません．不可能なことを前提に何もしないのは不正義です．

「不確実性下の責任」

IPCC 報告を前提に政府間パネルが環境政策を検討して国際的な合意を「議定書」としてまとめています．これは「100％正しい科学的根拠」に基づくものではなく，作業仮説としての「自然科学的根拠」に基づく対処です．このやり方が「持続性原則」に沿ったものです．科学技術社会論から見た判断基準として，「不確実性下の責任」があります．専門家・技術者あるいは政策責任者には「人間の活動由来の温室効果ガスの蓄積による地球温暖化が世界的な問題だ」という IPCC 報告に対して，責任ある行動や対処が要求されています．この問題に有効な対処をしない場合には専門家・技術者あるいは政策責任者は「第2種の過誤」を犯すのです．「第2種の過誤」とは「正しいこと」を「間違い」とするもので，「第1種の過誤」が「間違ったこと」を「正しい」と判断することです．

千年に一度の大津波が来る「100％正しい科学的根拠」がないために高い防潮堤を造らなかった原発事業者が，爆発事故の責任を問われて強制起訴されたという最近のニュースは「不確実性下の責任」や「第2種の過誤」の及ぼす責任の重大さを示しています．

水俣病事例と有能性原則

1956 年に水俣地方で奇妙で深刻な風土病「水俣病」が公式に認定されてから，これが 1968 年に「公害病」だと認定されるまで様々な困難がありました．

水俣病はチッソ（1965 年新窒素肥料株式会社から改称）水俣工場の廃液に有機水銀が含まれていたことによります．その有機水銀を摂取した魚介類を多く食べた水俣地方や不知火海沿岸部の人に発症したものです[11)12)]．有機水銀（水銀イオンが有機イオンと化合した分子，主な有毒分子はモノメチル水銀，CH_3HgX（$X=Cl,OH$））による中枢神経の破壊による病気です．この病気により被害を受けたことが行政的に認定された人は 2006 年 5 月 31 日までに 2,265 人です．その約7割（1,585 人）が認定された時点で死亡していました．訴訟によ

り裁判で認定された患者数は 7,890 人，未認定ながら 260 万円の補償金を得た
人が 10,353 人です．水俣病により死亡したと行政側の認定した人の数が 1,585
名です．

　水俣病の症状は手足の痺れ，体のふるえ，脱力，耳鳴り，視野の狭窄，聴力
の低下，言語能力低下，運動能力障害です．劇症の場合は突然激痛が走り，狂っ
たような状態になり，意識不明になって死亡しました．母親の胎盤から有機水
銀が胎児に移り，胎児性の水俣病患者になった人が 23 名報告されています．
手足の変形を伴う運動障害や意識障害，知能障害を持ったまま生まれています．
摂取された有機水銀濃度は新陳代謝により下がって行きますが，有機水銀で傷
ついた中枢神経は回復しませんので，障害は一生続きます [12]．水俣病の発症
から現在まで水俣で起きたことの簡単な年表を表 5-1 に示します [11][12]．

表 5-1　水俣病関連年表 [11][12]

西暦	年号	出来事
1908	明治 7	日本窒素肥料株式会社 (現在のチッソ株式会社) が水俣に工場を建てる．
1932	昭和 7	当該会社が水俣病の原因になるメチル水銀を水俣湾に流し始める (有機化学製品の原料になるアセトアルデヒドを作るときに水銀を使ったため，工場廃液に水銀が混入した)．
1956	昭和 31	新窒素肥料株式会社 (1965 年チッソ株式会社に改称) 附属病院長が「原因不明の中枢神経疾患発生」と水俣保健所に報告，公式確認日 1956 年 5 月 1 日伝染病を疑い患者の家を消毒．同年熊本大学医学部研究班が伝染病を否定．工場廃水に疑いとの発表をした．
1957	昭和 32	水俣保健所と熊本大学は水俣湾で取れた魚や貝を猫に与える実験を行い猫が水俣病になることを確認．旧厚生省「水俣湾の全魚介類有毒性の証拠無し」として魚介類の販売禁止措置はできないと熊本県に回答．
1958	昭和 33	熊本県が水俣湾で取れた魚介類を食べないように呼びかけた．
1959	昭和 34	チッソが排水口を百間湾の南から水俣川河口に変更．以降，患者発生が北に広がる．
		熊本大学医学部研究班が水俣病は有機水銀によるもので，水俣湾の魚を食べることで起きる病気ではないかと公表．不知火海沿岸部の漁民が廃水停止をもとめて，チッソ水俣工場に乱入．「漁民騒動」と呼ばれる．
		チッソは工場廃液をいれた飼料を猫に与える実験を行い，猫が水俣病になることを確認したが公表しなかった．
		食品衛生調査会 (食品衛生法に基づいて設置されている厚生大臣の監督に属する調査会) 水俣食中毒部会が「水俣湾産の魚介類中の有機水銀が原因」と厚生大臣に答申．発生源は「チッソ水俣工場の疑いあり」との談話を残し，「水俣食中毒部会」は即日解散となる．

1959	昭和34	水俣病で死亡した人に30万円を支払う等の見舞金契約がチッソと水俣病患者家庭互助会との間で結ばれる．後にこの見舞金契約は「公序良俗に反する」として無効となる．患者の家族等はチッソ前で補償を求めて座り込み運動を行った．
1961	昭和36	胎児性水俣病患者が公式確認される．
1963	昭和38	熊本大学医学部研究班，原因はチッソ水俣工場アセトアルデヒド廃水中のメチル水銀化合物を蓄積した水俣湾魚介類にあることを正式発表．
1968	昭和43	チッソがアセトアルデヒドの製造を停止し，メチル水銀の流入が止まった（チッソは1932年から実に36年間水俣湾と不知火海を汚染した）．
		政府が水俣病はチッソ工場の廃水が原因で起きた公害病であることを認めた．
1969	昭和44	水俣病第一次訴訟が始まった．
1973	昭和48	水俣病第二次訴訟が始まった．
		第一次訴訟の患者が（地裁で）勝訴．
		チッソと水俣病患者の補償協定が結ばれる（死亡者に1800万円の慰謝料，医療費の全額支給，生活費補償）．
1974	昭和49	水俣湾仕切り網の設置（汚染された魚が水俣湾外に出て行かないように網で仕切った）．
1877	昭和52	水俣湾公害防止事業開始（水俣湾に溜まった水銀ヘドロを取り除く工事）．
1980	昭和55	水俣病第三次訴訟が始まった．
1990	平成2	水俣湾埋め立て地「エコパーク水俣」が完成．
1992	平成4	水俣市が環境モデル都市作りを宣言．
1995	平成7	政府による水俣病最終解決策の決定（水俣病未認定患者などで補償を受けられなかったひとに対する解決策を政府が発表，関西訴訟以外の団体や裁判中の患者らはこれを受け入れ，水俣病の裁判と交渉は次の年までにほぼ完了）．
1997	平成9	水俣湾の安全宣言（仕切り網が撤去された）．
2004	平成16	最高裁判所が国と熊本県にも水俣病の責任があることを認めた（水俣病の裁判で残っていた関西訴訟に対する最高裁判決があり，国と熊本県の責任が認定された）．

　事実関係は表 5-1 の通りなのですが，水俣病が発症し，最終的に行政的に認定され，患者さん達が補償を得て安心して治療ができるまで実に 48 年が経っています．水俣病の問題は有機水銀を水俣湾に排出したチッソの技術者の環境優先原則違反事例ですが，この問題に対する様々な「専門家」と称する人達の有能性原則違反という側面もあります．

　専門家ではない人達の「新説」を紹介します．

　本書の 2 章でも取り上げていますが，1960 年，東京工業大学の清浦雷作教

授から水俣病水銀否定説「腐った魚介類の毒（有毒アミン）説」が突然発表されました．清浦教授は応用化学が専門であり，1959年夏に水俣湾の水質を調査しています．同年11月に「水俣病が水銀を含む工業廃液によって起こるという結論は早計である」と通商産業省に報告し，1961年に政府の水俣病総合調査研究連絡会議（経済企画庁，通産省，厚生省，水産庁）で水俣病有毒アミン説を発表しています[13][14]．清浦教授は，腐った魚肉に含まれていた4種類の有毒アミンを猫に注射し，水俣病類似の症状が出たことを報告しています．1961年には東邦大学薬理学教室の戸木田菊次教授から清浦教授の「腐った魚説」を支持する報告が突然発表され，問題解決を長引かせたわけです．これ以外にも業界の意を受けて1959年に日本化学工業会大島竹治理事の爆薬説（旧帝国海軍が戦後爆弾を水俣湾に投棄し，その毒が魚介類に廻ったことが原因）も新聞発表されています．この説は当時の担当海軍士官甲斐氏が明瞭に否定しています．年表に示したように，1956年頃から熊本大学医学部と水俣保健所は水俣病の原因としてチッソの廃水に含まれていた有機水銀を挙げていました．ところが，当時東京の監督官庁は水俣病の原因物質は有機水銀ではないかのような決定をしており，緻密な現地調査もしない清浦，戸木田両教授はアミン説を流布して水俣病の蔓延を招いています．

　清浦・戸木田両氏のアミン説流布を技術者倫理の原則に照らすと，有能性原則違反に当たります．両氏の専門性は応用化学と薬理学であり，水俣病は専門外です．応用化学者が猫に毒物を注射するなど，あってはならない動物虐待です．生理学や生物学の専門家が行う動物実験は管理された動物を使って管理された環境の下で行われていて，その結果に曖昧さが残らないような統計学的考察が伴います．薬理学の専門家の戸木田氏は逆に動物実験もせずに応用化学者が無軌道に行った実験を支持しています．技術者は専門家です．専門性の及ぶ範囲外の事案についての意見具申は倫理規定違反です．日本化学工業会理事の事実に基づかない爆弾説も言語道断です．こちらも有能性原則違反です．

　倫理規定違反を犯した東京の人々に対して，患者発生当時から水俣病に寄り添ってきたチッソの附属病院長細川一博士はじめ，水俣保健所，水俣市医師会，熊本医師会，水俣市立病院の医師達の献身的な努力と研究は特筆に値するもの

です [12)14]．熊本大学医学部の六反田 (微生物学)，長野 (小児科)，勝木 (内科)，式内 (病理学) 各教授の素早い対応も記憶に残るものです [12]．

　一方，清浦・戸木田両氏のアミン説流布は両氏にとって，悪意によるものではなかったかも知れません．しかし，両氏は第 2 種の過誤を犯しています．不確実性下の責任を回避したということもできます．水俣病の原因はチッソの廃液中の有機水銀によるものでしたが，両氏はそれを間違いであると錯覚し，政府・マスコミに発表しました．水俣湾漁民は有機水銀の摂取を 1 日も早く止めて治療すべきとの勧告を発すべきところを放置する方向に働いています．清浦・戸木田両氏は第 2 種の過誤を犯さないために，もっと謙虚に地元医師会・熊本大学医学部などの意見を聞き，水俣病の具体例を精査すべきだったのです．

　水俣病はその後，新潟県の阿賀野川流域でも 1965 年に発見されています [15]．こちらも化学肥料を生産していた昭和電工鹿瀬工場の垂れ流した有機水銀によるものです．阿賀野川下流域で取れた魚類を沢山摂取していた漁民に多く発症しました．

　2 つの水俣病を巡る事案は，水俣病の凄まじい被害状況 [12] を考えると技術者倫理の範囲をはるかに超えるものです．技術者個人が対処できるものではないでしょう．しかし，自覚した技術者が正しい行動を取れば，望ましい成果が生まれてくるものだと信じます．

練習問題 5

1. IPCC 第 1 次報告に基づいて取り交わされた COP3（1997 年，第 3 回気候変動枠組条約締約国会議）の議定書（京都議定書）第 17 条に「温暖化ガスの排出権取引」と言う枠組みがあり，2002 年から具体的に取引が始まっている．

　1.1　2014 年度の日本国内の企業と中国の取引の実例（単価, 取引企業, 総額）を調査せよ．

　1.2　ヨーロッパ内部における同年度の取引について調査せよ．

2. IPCC 報告には温暖化ガスの総排出量と地球温暖化との相関が述べられているが，反対意見もある．次の反対意見についてその概要を述べよ．

　2.1　太陽活動変動説

2.2 宇宙線による低層雲の発生説

3．2012年12月2日中央高速道路の笹子トンネルの天井板345枚が突然崩落し，走行中の3台の自動車が潰された結果，死亡者9名重軽傷者2名を出す重大事故が起きている．この事故関係者の倫理規定違反について調査せよ．

参考文献

1) WMO Home Page, https://www.wmo.int/pages/index_en.html

2) UNEP Home Page, http://www.ourplanet.jp

3) 気象庁 Home page, http://www.data.jma.go.jp/cpdinfo/ipcc

4) IPCC 第5次評価報告書, hppt://www.jccca.org/ipcc/about/index.html

5) IPCC 第5次評価報告書の概要－第1作業部会（自然科学的根拠）－,
   https://www.env.go.jp/earch/ipcc/5th/pdf/ar5_wg1_overview_presentation.pdf

6) 映画 "An Inconvenient Truth: 不都合な真実" 2006年, デイビス・グッゲンハイム監督, パラマウント映画.

7) 赤祖父俊一：正しく知る地球温暖化, 誠文堂新光社, 2008年, 東京.（注意：本書は地球の創成を450億年前と書くなど誤記が多い）

8) 丸山茂徳, https://ja.wikipedia.org/wiki/ 丸山茂徳

9) Global Research News Dec. 8, 2010.
   http://www. globalresearch.ca/more-than-1000-international-scientists-dessent-over-man-made-global-warming-claims/5403284

10) BBC news (Nov.2, 2014), http://www.bbc.com/news/science-environment-29855884

11) 水俣病資料館, http://www.minamata195651.jp/list. html

12) 石牟礼美智子：苦界浄土　わが水俣病, 講談社, 51刷, 2003年, 東京.

13) 清浦雷作, https://ja.wikipedia.org/wiki/ 清浦雷作

14) 池田光穂, "研究史で追いかける水俣病",
   http://www.cscd.osaka-u.ac.jp/user/rosaldo/07328 minamata.html

15) 第二水俣病, http.ja.wikipedia.org/wiki/ 第二水俣病

6 真実性原則・誠実性原則

技術者は様々な設計や施工を担当しますが，本質的な現象を理解していない
と非常に危険な結果を招くことが多々あります．技術者の仕事は社会に大きな
影響を与えるものであるゆえ，技術者の理解力が不十分な場合に社会に不都合
な影響を与えます．2章で触れた不良な六本木ヒルズ回転ドアもその一つです．
水俣病の原因究明をした応用化学者清浦氏の乱暴な仕事も有能性原則違反であ
ると同時に真実性原則違反でもあります．2011年の福島原発事故時に緊急冷
却装置の操作方法を了解していなかった原発技術陣や排気ガス浄化装置の違法
な操作プログラムの開発をしたドイツの技術陣は真実性原則違反です．後者は
誠実性原則違反でもあります．

福島原発事故と真実性原則

2011年3月11日は我が国の歴史に大きな負の遺産を残した日になりました．
大地震と津波被害により2016年3月現在死者15,891名，行方不明者2,584名
が数えられています（写真6-1）．被災翌日3月12日土曜日から始まる1週間，
私達は津波被害に見舞われた福島第一原発の1号原子炉建屋から4号原子炉建
屋の爆発をテレビで見守ることになりました．6系統もあった外部電源の喪失
による炉心冷却水の欠如により1号炉から3号炉までの燃料棒損傷（本当は炉
心溶融とすべきだったと2016年2月に東京電力が発表）が報じられ，あって
はならない原発建屋の爆発の映像とアナウンサーの悲痛な叫びを忘れることが
できません．定期点検のため4号炉の燃料棒は炉心から冷却プールに移動され
ていましたが，冷却水の蒸発により発生した水素ガスによって建屋が爆発しま
した．水素は3号炉から来たとの説もあります（3000℃近くになった炉内温度

により水分子が熱分解したこと，燃料棒を覆っていたジルコニウム合金が水と反応して酸化し，水素が発生したこと，強い放射線によって水分子が分解したことが重なって多量に発生した）．2号炉建屋は爆発を免れましたが炉心溶融により

写真 6-1 福島第一原発を襲った津波の第1波．海岸に非常用ディーゼル発電機の燃料タンクが並んでいました[1]．

高圧になった炉心から放射性ガスなどが大量放出されています[2]．

この事故により大気中に放射性物質（放射性ヨウ素換算）約90京ベクレルが放出されたと国会事故調が認定し，国際原子力事業評価尺度（INES）7の事故と評価されています．今回大気中に放出された放射性物質の量は最大事故と評価されているソビエト連邦（現在はウクライナ共和国）チェルノブイリ原発事故の放出量520京ベクレルに比べると1/6程度です．核種ごとにみると，放射性ヨウ素（131）が50京ベクレル，放射性セシウム（セシウム134と137）が0.2京ベクレル，その他放射性希ガスなど40京ベクレルです[2〜4]．放射性同位元素は半減期をもっています．ヨウ素131が8日と短く，代表的な放射性希ガスのクリプトン85の半減期も10.7日です．問題はセシウムです．セシウム134と137の半減期は2.07年と30.17年[5]ですから，事故後5年経った（2016年3月11日現在）ので，ヨウ素とクリプトンはほぼ完全に消え，セシウム134も初期量の9%程になっています．セシウム137だけ半減期が長いので，現在も最初の量の85%が残っています．最も大きな爆発事故直後の3号原子炉建屋の写真を示します（写真6-2）[6]．

原子炉建屋が破壊されたことによって，炉心から放射性物質が放出され，同時に建屋内の使用済み核燃料プールからも放射性物質が放出されています．爆

写真 6-2 2011 年 3 月 16 日に撮影された最も損傷の大きい 3 号原子炉建屋 [6].

発事故当日 1 号炉，2 号炉，3 号炉および 4 号炉の使用済み核燃料プールにはそれぞれ 392，615，566 および 1,535 本の燃料集合体がありました [3]．その大部分が使用済みでしたので，強い残留放射能によって発熱（放射性同位元素の崩壊熱と放射線が水に吸収されて出る熱）していました．供給が絶たれてプールの水が蒸発したあとは大変危険な状態でした．1 号炉（12 日 15 時 36 分）と 3 号炉の爆発（14 日 11 時 01 分）は炉心溶融に伴って発生した水素ガスによるものでしたが，4 号炉建屋の爆発（15 日 6 時頃）は，使用済み燃料のプールから出た水素が爆発した可能性と 3 号炉から出た水素が排気管を逆流して 4 号炉建屋に来て爆発した可能性とがあります．2 号炉建屋は無事でしたが，1 号炉と同様に炉心溶融が起こって水素が漏洩し，水素爆発（15 日 6 時頃）を起こし廃棄物処理建屋の屋根が破損しました．

　世界史上始めての大震災が引き起こした大規模原発事故でしたが，幾重にも安全装置があると言われ，日本独自の安全基準で守られていると言われた原子力発電所にはお粗末な作業マニュアルしかなく，全電力が失われても蒸気圧だけで作動するはずの緊急冷却系のバルブを間違って閉めてしまうなど，現地の作業員は最悪の事態に備えた安全装置の原理を理解しておらず，爆発事故が起

きました．この事故を「真実性原則違反」事例として紹介します．

隠された真実・メルトダウン

1号炉から3号炉では，津波被害により全電源が使用不可能になって原子炉の冷却系が使えなくなり，熱暴走によって原子炉内で燃料が大規模に損傷しました．燃料はジルカロイという融点1800℃の合金の筒に入れられた融点2850℃の酸化ウランペレットでしたが，ほぼ全量溶け落ちており，原子炉の内部が3000℃近い高温になったことがわかります．3号炉には酸化ウランと酸化プルトニウムの両方が入れられていました．4号炉では炉心は空でしたが，使用済み燃料プールに1535本もの使用済み燃料があり，全電源が停止して冷却水が止まり，使用済み燃料の発熱で水が失われ，建屋が爆発しています．幸運にも4号炉建屋内では燃料棒は溶けていませんでした．

大震災の起きた2011年3月11日の次の日から原子炉内の燃料棒に「損傷」があるとの報道がなされ，1号炉建屋の爆発，2号炉廃棄物建屋爆発，3号炉建屋の爆発，4号炉建屋の爆発が連続して起きていますが，それに伴う炉心溶融を意味する「メルトダウン」はかなり後までマスコミに伏されており，それに替わり「炉心損傷」という言葉が使われていました．炉心損傷が5％，10％，15％と上がり，水素爆発という現象が起きました．

メルトダウン現象は福島原発事故の前に1979年3月28日に起きたアメリカのペンシルベニア州スリーマイル島原発2号機の事故で起きています[17]．この事故は水を減速材に使った商用発電所の過酷な事故例の最初のものでしたが，奇しくも1979年3月16日に公開された映画"チャイナシンドローム"[8]で取り上げられた架空の原子力発電所とほぼ同じ規模の原子力発電所で起きました．映画では蒸気タービンが施行不良により破壊されたものの，大規模な放射性物質の漏洩も炉心溶融も起きていないことになっています．しかし，スリーマイル島原発では放射性ガスが圧力容器から漏洩し，ほぼ全ての燃料棒が溶け，一部は圧力容器の底に溜まりました．溶融した燃料などを図6-1に示します[9]．

映画の原発事故は冷却系の異常で起きましたが，スリーマイル島事故ではイ

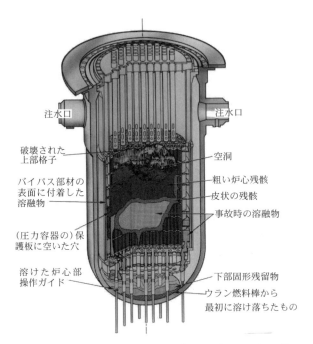

図 6-1 事故後のスリーマイル島 2 号原子炉の炉心部，全ての燃料棒がメルトダウンしている [9].

オン交換樹脂の移送ミスでいくつかのバルブが作動不良になり，冷却水が循環しなくなって炉心が空だき状態になりました．その結果圧力容器から 9.3 京ベクレルの放射性希ガスと 0.555 兆ベクレルの放射性ヨウ素が外界に出てゆきました [8)10)]．

もっと大規模な炉心溶融が 1986 年 4 月 26 日に起きたチェルノブイリ原発 4 号機の事故です．この原発の構造はイギリス型黒鉛減速炉の延長にあり，冷却水は燃料棒の周囲を循環しますが，高速中性子の減速は黒鉛ブロックが担う形でした．事故によって暴走した原子炉の燃料棒は全て溶融して落下しましたが，圧力容器が破裂して減速材に火が着き事故後 1 週間以上燃え続けました．その火は人工衛星からも見えたとのことです [8)11)]．

このように，発電用原子炉の過酷な事故では燃料棒の溶融が不可避です．

6 真実性原則・誠実性原則   63

　事故を起こしたスリーマイル島の原子炉，チェルノブイリの原子炉および福島第一発電所の 1 号炉から 4 号炉の大きさを比較してみると表 6-1 になります．

　表 6-1 から明らかなように，スリーマイル島原発とチェルノブイリ原発の定格熱出力はほぼ同じで，福島第一原発 2 号炉，3 号炉，4 号炉ともほぼ同じです．今回の事故では福島第一原発 4 号炉は炉心溶融を起こしていませんが，1 号炉から 3 号炉の炉心は溶融しています．定格熱出力で考えると今回の事故はスリーマイル島やチェルノブイリ原発事故のほぼ 2 倍の大きさだったことがわかります．

　福島第一原発事故が起きてしばらくの間，政府や東京電力は「炉心溶融」ないし「メルトダウン」という表現は使いませんでした．それが，事故後 5 年も経た 2016 年 2 月になって，東京電力が事故に関するマニュアルを発見したとのニュースが流れています [13)14)]．そのマニュアルによれば，炉心損傷が 5% を越えれば炉心部の「炉心溶融：メルトダウン」と表現することが明記されていました．事故後 2011 年 3 月 14 日時点で，1 号炉は炉心損傷 55%，3 号炉 25%（おそらく 2 号炉は 1 号炉と同程度の損傷）と東京電力から発表されていましたので，当然「炉心溶融」状態と発表すべきでした．しかし，事故後の 2011 年 5 月になっても東京電力や原子力安全・保安院は「燃料破損」や「燃料損傷」という表現しか採らず，「炉心溶融」という単語は一切使いませんでした．東京電力は過酷事故では「炉心溶融」と表現するようなマニュアルは「ない」としてきましたが，2016 年 2 月に柏崎刈羽原発に関する専門家会議でその存在が明らかにされました．このマニュアルは 1999 年に東海村で起きた JCO 臨界事故をきっ

表 6-1 過酷事故を起こした原子炉の特徴 [7)10) ～ 12)]．

原子炉	炉のタイプ	定格熱出力	事故日
スリーマイル島原発 2 号機	軽水減速加圧水型	2.77 GW	1979 年 3 月 28 日
チェルノブイリ原発 4 号機	黒鉛減速沸騰水型	3.2 GW	1986 年 4 月 26 日
福島第一原発 1 号炉	軽水減速沸騰水型	1.38 GW	2011 年 3 月 11 日
同　　2 号炉	同上	2.381 GW	同上
同　　3 号炉	同上	2.381 GW	同上
同　　4 号炉	同上	2.381 GW	同上

かけに 2003 年に整備されたものでした．このマニュアルを整備した委員や東京電力の担当者が実際の事故時に「思い出さない」ものでしょうか．

この問題は最近明らかにされたものですが，国民から見れば，東京電力による情報隠しのひとつだったという印象を持ちます．東京電力内の原子力技術者や政府の原子力安全・保安院の技術者にとって当然知っているべき真実でしたから，この事案は真実性原則違反事例です．

隠された真実・津波予想

2011 年 3 月 11 日の東日本大地震はほぼ同規模の平安時代 869 年の貞観地震の再来であると認識されています．今回の津波襲来による外部電源，自家発電電源，非常用蓄電池電源の喪失による事故は建設当時からあった福島第一原子力発電所の脆弱性がもたらしたものでした．

この発電所の地震と津波被害に対する脆弱性は 2011 年の地震の起きる以前から東京電力と監督官庁に正しく認識されていたのかという疑問と，認識されていたとするとどうして具体的な対策が立てられなかったのかという疑問が残ります．2016 年 2 月，東京電力の震災時の責任者などが検察審査会の結論を得て業務上過失容疑で強制起訴されました．この訴訟を提起したグループの代表海渡雄一氏ら [15] によると，東京電力は福島第一原発が予想された貞観地震クラスの津波に対して脆弱であることを 1997 年頃から承知していたとのことです．

福島第一原発のある福島県大熊町と双葉町の海岸は高さ 30 m の台地だった所で，その崖を削って高さ 10 m の平地を造成して原発を設置しています．福島県沿岸では三陸沿岸ほどの津波被害の歴史が蓄積されておらず，東京電力も設置を認めた福島県も甘かったわけです．これに対して，同じ規模の原発を宮城県女川に建設した東北電力は津波被害を想定して標高 14.8 m の台地に原発建設を行い，高さ 15 m の防潮堤も建設したので，今回の大震災による被害は免れています．

以下，原発事故を永年丹念に取材してきた添田孝史氏 [16] のレポートを要約しました．

6 真実性原則・誠実性原則 65

"過酷な地震により大津波が沿岸部を襲うと言う事実が認識されるきっかけが，1993 年 7 月 12 日の北海道南西沖地震にともなう 30 m の津波の来襲でした．この津波のために北海道の奥尻島で 230 名の犠牲者が出ました．その後，1995 年 1 月 17 日に阪神淡路大震災も起きており，マグニチュード 8 クラス，震度 6 クラスの地震がいつかは起きることが認識されました．その経験をふまえ，政府も津波対策を考えることになり，1993 年 10 月に通産省資源エネルギー庁が電力各社に対して原発の津波想定を再検討するように通達を出しています．1994 年 3 月に東京電力は福島第一原発関連の津波被害を 1611 年以降 400 年間について解析して最大津波被害は高さ 3.5 m であるとしています．1998 年国土庁，農林水産省構造改善局，同水産庁，運輸省，気象庁，建設省，消防庁の 7 省庁が「太平洋沿岸部地震津波防災計画手法調査報告書」と「地域防災計画における津波防災対策の手引き」を作り，関係自治体に配付しています．この手引きでは津波予想を「既往最大」（400 年間で最大）の値にかかわることなく，「常に安全側の発想から対象津波を選定することが望ましい」としています．この通達は「7 省庁手引き」と言われているもので，電源各社にとって不都合なものでした．最大規模の津波を選定することになると，東北地方ではマグニチュード 8 から 9 の 869 年の貞観津波と 1677 年の延宝房総沖地震を想定し，中部地方では 684 年，1099 年および 1498 年のマグニチュード 8 から 8.5 の南海・東海道の巨大地震による津波も想定に入ることになります．当時，貞観地震津波が福島県にどのような被害を与えていたかよくわかっていなかったのですが，福島県の北部までは被害状況が書き残されていました．1677 年の地震津波は近くの集落で記録されていました．福島第一原発の海岸で想定される最大津波高さが 3.5 m までなら問題がなかったのですが，東京電力は 2008 年 3 月に福島第一原発での最大津波高さを 15.7 m と試算しています．この値は 2011 年 3 月の津波高さ 13 m とほぼ一致しています．"

原発設置当初の津波予想が低すぎたのですが，防潮堤のかさ上げや緊急用電源の整備には資金が必要になります．それは電力各社に痛みになります．

その後，せっかくできた「7 省庁手引き」は 2011 年 3 月まで無視されること

になり，津波想定も「既往最大」（400 年）に引き下げられました．それには土木学会に設けられた「津波評価部会」勧告もあってのことでした．政府内部の暗闘もありました．1995 年に阪神淡路大震災の失敗を受けて成立した地震防災対策特別措置法により「地震調査研究推進本部」が総理府に設置され，地震津波の長期予想を行うべきとの通達もでていますが，1961 年に災害対策基本法により内閣総理大臣を長として設置された「中央防災会議」の 2006 年 9 月開催第 15 回会議と 2007 年 2 月開催第 16 回会議は，これと逆に不確かな地震想定は必要ないとの結論を出し，400 年間の「既往最大」の想定すら否定しました．その結果，1611 年の三陸沖地震津波も 1677 年の延宝房総沖地震津波も無視されることになり，東北地方の津波予想は 1896 年 6 月 15 日に岩手県沖で起きた明治三陸沖地震だけにしぼられました．

東京電力の津波予想は最初の 3.5 m から 2002 年に 5.7 m まで変更されています．しかし，敷地の改善はしませんでした．しかも，2006 年 6 月には想定される高い津波が第一原発を襲う確率を数千年に 1 回と予想した論文を発表しています．これは全く科学的根拠のないものでした．

政府は中央防災会議とは別に 2006 年原発の耐震指針を見直して，原子炉安全・保安院から既存原発の安全性点検（バックチェック）を指示しました．この点検では「7 省庁手引き」の方針が復活しています．

結局，福島第一原発のサイトで行われた津波対策は設置以来 40 年間で一部のポンプのモータの数 10 センチのかさ上げだけでした．費用にして 100 万円もかかっていなかったでしょう．2008 年 8 月には「独立行政法人原子力安全基盤機構」から過酷な地震津波から緊急冷却系制御を守るために数百万円程度の予備電池を用意するようにとの助言が出ていますが無視されています．唯一の救いは福島第二原発が防潮堤のかさ上げ工事を 2009 年 7 月から始めて，地震津波の 2 日前の 2011 年 3 月 9 日に完成させたためにメルトダウンを免れたことです．これは茨城県が独自に行った津波予想が東京電力の予想よりも高く，東京電力も防潮堤のかさ上げを余儀なくされたからでした．

このような「津波隠し」が我が国に残す甚大な被害は技術者個人の倫理だけでは防止しきれないものです．しかし，技術者個人が倫理規定を守り，技術者

の矜持を保つ努力を払えばもっとまともな結果が得られたのではないでしょうか.

残留放射能により福島県だけでいまだに15万人の人達が長期の避難生活を余儀なくされています．この大事件は地震津波という自然現象に対する担当者・行政担当者の深刻な真実性原則違反として心に刻むべきものだと思います．

福島3号原子炉の爆発を最も恐れていたのはフランスだったと言われています．それは3号炉だけがウランにプルトニウムを混合したフランス製MOX燃料を使っていたからです．プルトニウムは猛毒であると同時に核分裂しやすく空前の原子力災害を起こす可能性がありました．フランス政府は事故直後の3月13日に在留フランス人に国外退去を推奨し，軍用機を派遣しています．この問題にも政府，東電の真実性原則違反があります．

杭工事不良と誠実性原則

A社の施行したマンションの基礎工事不良により横浜のマンションが傾斜してしまった事例を誠実性原則違反例として取り上げます．

2007年7月に竣工した，横浜都筑区の5棟で総戸数705戸という大規模なマンションの1棟が，2015年10月に同じ敷地に建設された別棟とずれてきたことを住人が発見し，その原因が基礎杭工事の手抜きにあることが判明しています（写真6-3）．52本打ち込まれた基礎杭のうち，8本の先端がマンションを支えるべき岩盤に届いていなかったのです．

写真6-3 傾きが見つかったマンションのつなぎ部分．横浜市都筑区．

このマンションを建設したのは建設会社Aですが，その下請けB社が杭打

ちを A 社から請け負い，さらに C 社が実際の工事を行っています．杭打ち工事の現場管理者（C 社の臨時職員）が，工事に関わった 9 都県 41 件のうち 19件でデータを偽装していたことが同年 11 月 2 日に判明しています．C 社が過去約 10 年間に行った全 3040 件の工事のうち約 300 件でデータが偽装されていた疑いも出てきました．問題の工事を行った現場管理者以外にも 10 人以上が偽装に関わったとみられます．この現場管理者はさらに 2 件の工事にも関わっていた可能性もあり，C 社における彼の施工総数は最大で 43 件になりました．

　横浜の偽装が発覚したマンションの杭は，ダイナウィング工法という方法で打設されました．杭先端部の鋼製羽根により支持力（杭が支えることができる荷重）が大きく，排出残土量が少ないとされる工法です．杭打ちを行った C 社は 2004 年，国土交通大臣の指定性能評価機関の認定を取得していました．大臣認定制度は 2000 年の建築基準法の改訂（改悪ではないかとの批判があります）に伴い新しく設けられました．大臣に代わり技術の妥当性を検証するのが，国が指定する指定性能評価機関です（風神雷神事故と同じ構図）．杭の支持力の算定は 2001 年の国土交通省告示で「それぞれ基礎ぐいを用いた載荷（さいか）試験の結果に基づき求めたもの」と規定しています．「載荷試験」とは杭に荷重を加え耐力を調べる試験です．そのデータを一般財団法人日本建築センター（東京）などの指定性能評価機関が審査し，杭の性能を記載した評価書に基づき，大臣が認定する手順です．この制度の一番の特徴は，大臣認定を一度取得すると，対象土壌など適用範囲が同じであれば，おのおのの現場で載荷試験とその図書（書類）を省略することができることです．C 社は杭打ちをする傍ら大臣に代わって指定性能評価機関として「評価書」を発行できました．大臣が認定することで，「試験」を省略できるという，運用を誤れば安全軽視になる規制緩和です．お手盛りの「評価書」が一人歩きする構図です．杭の支持力は各現場の土壌によって異なるのが一般的です．同一の地盤など存在しません．「杭打ち工法」やその適用地盤，杭を打つ実際の地盤を適正に判断し，適正に設計されているかなどを客観的にチェックする体制の充実が求められます．

　長さが足りなかった 8 本の杭は設計施工業者である建設会社 A 社が発注して作らせ，C 社に打ち込ませたものです．C 社は長さが足りないことは知って

いたのです．しかし，「載荷試験」の合格を示す「評価書」は作られました．現場の技術者は建設会社 A 社から工期を限られていて，不良な杭の差し替えを提案できなかったと言われています．しかし，杭打ちを担当した技術者には技術者倫理を守るために，ここで不正な「評価書」の作成を断る勇気を持って欲しいのです．不適切な杭をそのままにせず，安全優先，公共の福祉優先（公衆優先原則）を主張し，技術者の誠実性原則を守って欲しいのです．

このマンション工事を巡って 2016 年 3 月に入りさらに別の問題も出てきました．全 5 棟のうち 4 棟の基礎部分の鉄筋が誤って切断された疑いが出ています．補強用の鉄筋のない疑いのある基礎が 4 棟で計 23 カ所見つかっています．建物の上下水道の配管工事の際に建物に穴を開けますが，その周囲は鉄筋で補強すべき箇所だとのことです．その鉄筋が建設当初から入っていなかったり，間違って切断されていました．

さらにその後，杭の深度不足は他の 3 棟でも判明しています．このような不良工事は建設時に必要な地盤調査の一部をせずに別のデータを転用するなどして基礎工事を行ったことが原因だとされています．むろんこれらは建築基準法違反事例です．地盤調査をした技術者の誠実性原則違反も明らかです．

誠実性原則は技術者個人と技術を通じて社会貢献をする事業体全体が守るべき原則です．

練習問題 6

1. チェルノブイリ原発（1986 年）の事故を巡って国際原子力機構（IAEA：International Atomic Energy Agency）が国連も含めた国際機関と協力して大規模放射能汚染に対する対策を 2003 年から 2005 年に検討し，ウクライナ，ロシア，白ロシア 3 カ国政府に対して提言をまとめたものが福島第一原発事故の前に事故後 20 年を記念して「チェルノブイリの遺産：Chelnobyl's Legacy」[17) と題して発表されている．それを読んで次の問に答えよ．

   1.1　1986 年事故発生以来，緊急対策に当たったソ連軍と職員の，放射能照射による犠牲者数．

   1.2　広島長崎の原爆による放射能照射の犠牲者と何が違うのか述べよ．

1.3 放射能汚染による子供達の甲状腺癌患者数と犠牲者数を述べよ.

1.4 チェルノブイリ原発事故対策で IAEA 等がウクライナ, ロシア, 白ロシア当局にどのような政策提言をしているか箇条書きにして述べよ.

1.5 IAEA 等の提言が今回の福島原発事故にどのように活かされているのか調べよ.

2. 2011 年の M8.9 の巨大地震は近い将来の東南海地震の引き金を引くと言われている. 富士山の噴火も予想されている. 東京地区の直下型地震の可能性も議論されている. 684 年の M8 クラスと言われている南海東海道地震から現在まで記録にある日本における M8 クラスの巨大地震の年表(発生年, エネルギー, 被害の状況, 犠牲者数, 為政者の対策)を完成せよ.

3. 技術者が生産現場などで直面する配下職員の不正・違反行為に対してどのような対処をすべきか述べよ. 違反行為の原因には「不合理・非現実的なルールの存在」,「ルールの理解不足」,「保安コンプライアンスを軽視する価値観の蔓延」,「社会的影響・処罰などへの心配」といった要素が指摘されている. それぞれに対する対策を箇条書きにせよ.

参考文献

1) 東京電力ホールディングズ:写真・動画集 http://photo.tepco.co.jp/date/2011/201105-j/110519-01j.html

2) 福島第一原子力発電所事故 https://ja.wikipedia.org/wiki/ 福島第一原子力発電所事故

3) 首相官邸 http://kantei.go.jp/jp/topics/2011/pdf/04-accident.pdf

4) 福島第一原子力発電所事故の経緯 https://ja.wikipedia.org/wiki/ 福島第一原子力発電所事故の経緯

5) 国立天文台:理科年表平成 24 年, 丸善, 2011 年.

6) 東京電力ホールディングズ:写真・動画集 http://photo.tepco.co.jp/date/2011/201103-j/110317-01j.html

7) 石川迪夫:考証福島原子力事故炉心溶融・水素爆発はどう起こったか, 日本電気協会新聞部, 第 3 刷, 2014 年.

8) マイケルダグラス(製作), ジェームスブリッジス(監督), "チャイナシンドロー

ム",コロンビアピクチャーズ製作,ソニーピクチャーズエンタテインメント発売,
DVD,1999 年.

9) TMI 炉心図 http://www.nrc.gov/images/reading-rm/photo-gallery/20071114-006.jpg

10) スリーマイル島原発事故 https://ja.wikipedia.org/wiki/ スリーマイル島原子力発電所
事故

11) チェルノブイリ原発事故 https://ja.wikipedia.org/wiki/ チェルノブイリ原子力発電所
事故

12) 福 島 第 1 原 発 の 諸 元 http://www.tepco.co/jp/nu/fukushima-np/outline_f1/endex-
j.html

13) 毎日新聞朝刊社説(2016 年 2 月 26 日) http://www.mainichi.jp/articles/20160226/
ddm/005/070/050000c

14) 毎日新聞地方版(2016 年 2 月 25 日)http://mainichi. jp/articles/20160225/ddl/k07/
040/294000c

15) 海渡雄一:福島原発事故の真実,彩流社,第 1 刷,2016.

16) 添田孝史:原発と大津波警報を葬った人々,岩波書店,第 4 刷,2015.

17) 国際原子力機構,国連他:Chelnobyl's Legacy: Health, Environmental and Socio-
Economic Impacts and Recommendations to the Governments of Belarus, the Russian
Federation and Ukraine, 2005. https://www.iaea.org/sites/default/files/chernobyl.pdf

7 正直性原則・専門職原則

　技術者の社会的役割の大きさは技術者自身の責任の重さと連動しています．技術者が心ならずも嘘をつくような場面があったとすると，社会は専門知識が完全ではないので，簡単にそれを信じてしまいます．技術者倫理の正直性原則は「それはしてはならない」とします．事業所内の技術者は事業所の利益のために，「不利益」かつ「不都合」な真実を隠すように指示されることもあり得ますし，発表を先延ばしにすることもあるでしょう．これは「正直性原則」違反です．

　専門的知識から判断して，現在所属している事業所の生産物や生産体制，雇用などが「公衆優先原則」や「誠実性原則」などに違反している恐れがある場面で，何も行動しない技術者は「専門職原則」違反です．

　我が国の商品などが海外で信頼を受けている理由は「日本スタンダード」で商品が作られているという安心感があるからだと言われています．「日本スタンダード」は昔からあったわけではありません．1950年代まで日本の工業製品は価格が安いことが特徴で，それほどの信頼を得ていませんでした．洗えば縮んで着ることができなくなる下着や上着，壊れやすいオモチャ，塗料のはげるお土産品，安いビスケット，中古車より安い新車の自動車等が日本ブランドの象徴でした．大量に輸出されてヨーロッパや米国の地元産業を駄目にしたタンカーなどもそうでした．今や，これらの工業製品の生産国は日本から別の国に移り，表向き，日本は高級製品を作る国になったのですが，日本のスマートフォン用やパソコン用の演算用IC，航空機や半導体製造装置あるいはMRI等の医用装置への信頼度は高まっていません．日本製大型船舶用エンジンも信頼を得ていません．

　かつては輸出品として大いに生産されていた白物家電(冷蔵庫,洗濯・乾燥機)

やオーディオ製品も日本以外の国から欧米に輸出されています．日本の工業製品その他が先進国に再度受け入れられるには大量輸出国製品との質的な差別化が必要です．質的差別化には生産を担う企業と技術者の高い倫理性を必要とします．不必要な飾りを廃し，他の追随を許さない高性能製品を作ることです．

ドイツ車の排気ガス規制のがれと正直性原則

ヨーロッパで最も受け入れられてきた環境フレンドリーな自動車はディーゼルエンジン車です．ディーゼルエンジンはガソリンよりやや安価な軽油を使い，しかも1リットルの軽油当たりの走行距離がガソリン車よりも長い特徴があります．同一メーカーのドイツ車の排気量2l(リットル)のディーゼル車の燃費[1]が1ガロン当たり41.4マイル (17.6 km/l) であるのに対して同じ排気量のガソリン車は37.6マイル (16 km/l) です．これらはカタログ上の値です．日本車でもほぼ同じで，2lエンジンを載せたディーゼル車の実測された燃費が17 km/l程度で，ガソリン車が14 km/l程度です．燃費に関する限り，欧州車と日本車の差はありません．ハイブリッド車は20.3 km/lとさらに良い燃費です．

米国の自動車の排気ガスに対する規制を乗り越えたHONDAのCVCCエンジンの件を第4章「公衆優先原則」に書いています．それと対照的に，フォルクスワーゲン (VW) 社は当局による排気ガス試験中にはディーゼルエンジン車の排気ガス浄化装置を高度に働かせ，通常走行では浄化装置の機能を絞る不正なプログラムを搭載し，規制のがれをしていました．それが2015年9月に米国環境保護局から指摘され，世界中を驚かせています．

事実経過[2]

VWのディーゼルエンジン車 (写真7-1) の排ガス不正の問題は，2015年9月18日に米国環境保護局 (EPA) によって発表された「Notice of Violation (NOV) ＝違法行為通告」によって明らかになりました．EPAによれば，VWが2009〜2015年の期間に米国で販売したディーゼルエンジン車の一部が，大気浄化法 (CAA) に違反しているとして，EPAとカリフォルニア州大気資源局 (CARB)

がVWの疑惑行為について調査しているとのことでした．北米で発売された問題のVWのディーゼル車は，「defeat device（排ガス処理システムの無効化プログラム）」を使用して，排ガス規制をクリアしていたと認定

写真7-1　ディーゼルエンジン搭載のVW車．

されました．試験用の走行モードだと試験車自体が判断すると，違法プログラムが働いて，走行性能や燃費を犠牲にしてでも，排ガス規制をクリアするように操作モードが換わります．これは違法です．実のところ，プログラムが違法と言われても，部品の品番やスペックなどとは違って，見た目では何が違うかがわかりません．この件が発覚する発端となった米国の環境団体によるテストでは，同じドイツのBMWが販売するSUV（スポーツ多目的車）「X3」にも嫌疑がかかっていました．規制値を大幅に上回るNOx（窒素酸化物）が発生していると指摘されていましたが，BMWは9月24日，違法プログラムは搭載していないと公式に発表しています．欧州での規制が「Euro3」から「Euro5」へと規制が進むに従って，NOxの規制値は$0.5\,g/km$から$0.18\,g/km$へと下げられていて，すべての車両が書類上適合しているとされているものの，実際に走行して測定すると，$1.0\,g/km$から$0.8\,g/km$に下がっていただけでした．

　規制がさらに「Euro6」に進んだことで，実走行での排出ガス（リアルドライブ・エミッション）のレベルは$0.08\,g/km$へと低められましたが，規制値と実際の排ガス測定値では依然として1ケタの開きが残っています．VWはディーゼル車に違法なプログラムを搭載し，「走行性能と低燃費」と「クリーンな排気ガス」の二律背反する要素を両立させたかったのかもしれませんが，インチキソフトで切り抜けようとするのはあまりにも近視眼的でした．ただし，この方法は合法とする主張もあります．厳しい規準をチェックする試験に不備があったとしてもそれはメーカーの責任ではないからです．EPAによると，180億ドル（約2兆円）の制裁金が課せられる可能性があるとのことです．米国内で販

売された違法ソフトを積んだ車合計48万2000台，1台あたり最大3万7500ドルもの制裁金です．ドイツは自動車産業が世界から得る売り上げが，国にとって圧倒的な収益となっています．ディーゼルエンジンのための精巧な高圧燃料噴射システム，そして運転支援から自動運転へとつながる諸々の優れた電子装置と制御機材，これら全体を開発し，製造できるサプライヤーは世界に数社しかありません．その中でも今回のインチキソフトを納品したドイツのボッシュのシェアが大変大きいのです．とくにディーゼル燃料噴射システムに関しては圧倒的です．運転支援・自動運転のハードウェアではボッシュだけでなくドイツ系サプライヤーがシェアを拡大しています．このままいけば米国と日本のサプライヤーが出る幕はなくなりそうでした．

正直性原則

ドイツ車の違法行為（排気ガス検査方法の差があるので，米国では違法でもヨーロッパでは合法との法律解釈もあります）はVWに限ったことではないとの憶測が充満しています．この事件はVWの売り上げ至上主義によるものです[1,2]．今後，ドイツ車の信用回復には時間がかかるものと思われます．VWは米国のEPAとの取引でこの問題の不明瞭な終結を図るかも知れませんが，それは誠実性原則違反であり，今後消費者はドイツ車に疑いの目を向けるでしょう．私たちはこの問題を深刻な正直性原則違反と捉え，我が国の製品にも起こりうる問題として記憶すべきでしょう．このような事態に至ると我が国の製品全体の信用が傷つき，長期にわたって世界の消費者の支持を失うことになります．

日本の自動車メーカーもディーゼルエンジン車を輸出しています．日本車も試験時と実走行時の排気ガス中の規制成分濃度に差がありますが，不正ソフトによる補正はないとのことです．我が国の自動車メーカーの一つであるMAZDAのクリーンディーゼルエンジン車はVWと違ってエンジンから出た排気ガスを複雑な後処理装置で浄化しておらず，不正ソフトの利用は必要ありませんでした．

SKYACTIV-D エンジン [3]

写真 7-2　MAZDA-SKYACTIV-D エンジン．2 ステージターボチャージエンジン [3]．

MAZDA は排気ガス問題を低圧縮比ディーゼルエンジンの新規開発で解決しました．この発明は HONDA の CVCC エンジンの開発に匹敵する新規性を持っています．MAZDA は圧縮比 14（従来は 16 ～ 18）という従来のディーゼルエンジンでは採用しなかった低圧縮比のエンジンを作り（写真 7-2），NOx と PM 2.5 の原因になる煤（すす）の生成を抑えつつ振動の低減，エンジン重量の低減を実現しました．それには燃料噴射装置を改善し，排気バルブの開閉にも新機軸を導入してガソリン車に負けないトルクを確保しつつ重量軽減と排気ガスの浄化を実現しました．そのため VW のような小細工は必要なかったのです．このエンジンを搭載した乗用車は現在ヨーロッパで広く受け入れられており，今回の不正問題に揺れるドイツ車と対照的な存在になっています．他社は排気ガスの浄化装置を大型化することでクリーン度を保持する「後工程」のディーゼルを販売していますが，MAZDA の新規エンジン開発に触発され，低圧縮比ディーゼルエンジンの開発競争も始まっています．

MAZDA の技術者の公衆優先原則と正直性原則に則した新技術開発を誇りに思います．

耐震強度構造計算書偽装事件と正直性原則

マンションやホテルの建築許可に必要な「耐震強度構造計算書」が A 建築士によって偽造され，耐震性の低い建築物が多数建設され，マンション業者に不当な利益をもたらした事例がありました．2005 年国土交通省はマンション 20

7 正直性原則・専門職原則

写真 7-3 耐震性が低く居住が危険だと判定されて 3 階から上が取り壊された藤沢市のマンションと一部取り壊しの命令書．その後，建て替えられて元の高さのマンションになっています．

棟，ホテル 1 棟の計算書に偽造があったと発表したのですが，その後さらに多数の建築物の計算書に偽造が認められて大きな社会問題になりました[4]〜[6]（写真 7-3）．

その後の国土交通省の報告[6]によれば，A 建築士の関与した建物 205 件の内，計算書に偽造があった件数が 98 件にのぼるとのことでした．

A 建築士は複数の設計事務所から 205 件の「耐震構造計算書」の作成を依頼されています．A 建築士は国土交通省公認の耐震構造計算ソフトウェアを使って建築基準との整合性を確かめた報告書を作成する仕事をしていましたが，1997 年頃から計算書の偽造を行って鉄筋量を少なくしても建築ができるという「計算書」を作るようになりました．鉄筋量を減らすことができる A 建築士の「耐震構造計算書」は評判になりました．結果的に，A 建築士が手掛けた計算書だけで建築基準法に違反する事例が 98 件にのぼったのです．2005 年，偽造された耐震構造計算書に基づいて施工された建物の作業員の指摘によって A

建築士の不正が発覚しました．A建築士は公認ソフトウェアの出力を偽造していました．設計事務所はこの「耐震構造計算書」を添付して民間の「指定確認検査機関」に建築確認書を発行してもらい，建築が始まりました．2004年には偽装に気がついた「指定確認検査機関」もあったのですが，事件に発展しませんでした．「耐震構造計算書」のインチキを「指定確認検査機関」の大部分が見抜けなかったのがA建築士の不正が長い間発覚しなかった原因です．A建築士の計算書を指定確認検査機関の一つ（E社）が頻繁に取り扱っていましたので，この会社が不正に間接的に係わっていたのではないかとの疑惑を持たれました．2005年にはE社の社員から内部告発もあったようですが，E社からA建築士の告発はありませんでした．指定確認検査機関R社もこの件に係わっていたようです．

　A建築士は計算書の不正が発覚して以来，「不正は建物の施主や建設会社から依頼されたものだ」とか，「E社は不正を見つけると思った」等とマスコミや国会喚問時に発言したので，大変紛糾しました．結果的にA建築士関係のマンション建設やホテル建設を下請けしたK建設，施主のマンション開発会社H社および民間検査機関E社は倒産し，責任者は刑事告発されて有罪になっています．A建築士も建築士免許を剥奪の上，2008年に懲役5年，罰金180万円の刑が最高裁判所で確定しています．

　最も問題だったのは2006年当時，違法なマンション建築で耐震性が不足し，居住が難しいと判定された13件の建物の住人でした．マンション開発会社や建設会社に補償金の支払いや立て替えの義務があったわけですが，倒産によってほとんど補償されませんでした．

　2006年，「計算書」の偽造は札幌でも発覚し，B建築士の作製した「計算書」に基づいて建設された2棟のホテルと33棟のマンションの耐震性不足が明らかになっています[5]．

　民間確認検査機関E社などの責任を問う意見もありますが，A建築士のインチキ計算書の民間の確認検査機関による見逃しは2001年以降のことで，1997年から4年間の不正を見逃していたのは市町村の建築担当部署（建築主事）でした．ですから，民間の確認検査機関が特に悪かったわけではありません．A

やB建築士の不正が発覚し難かった理由の一つが不正（ソフトウェアの改竄を含む）しやすい耐震性計算ソフトにありました．国会は2006年に不正防止を目的にした建築基準法の改訂を行い，国土交通省は2008年2月に耐震性計算ソフトを不正し難い形に換えています．

この件は技術者であるA建築士やB建築士の違法行為に関する案件であり，技術者倫理上，正直性原則違反事例です．

この事件は建築士の違法行為のみならず，週刊誌やテレビ番組による事実とは異なる面白おかしい（虚偽）報道にも罪があります．そういった報道のため，「浪費が趣味」と書かれたA建築士の妻とA建築士とグルではないかと言われたビル設計事務所社長の自死も招いており，報道機関の正直性原則違反もありました．

違法行為の原因

次のように提案されています．
① 違法行為を犯してまで収入を増やそうとした建築士の倫理意識の欠如．
② 耐震強度計算プログラムのブラックボックス化（何が計算されているのか，パラメータは適切かについて，一部の専門家しか理解していない）により建築確認審査が形式的になりすぎた．
③ ビルの大きさに応じた適切な鉄筋数や施行法など建築現場の常識がないがしろにされた．

東日本大震災後

A元建築士の関与した十数棟の耐震強度不足のマンションは報道当時「震度5程度の地震でパタンと倒れる」と言われました．2011年の大震災では東京地区も震度5から6弱の振動でした．不思議なことにどの建物も「パタンと倒れ

なかった」のです．耐震強度不足と言われた建物は全部大震災に耐えたのです．そうなると，建築基準法違反とは何だったのかが問題です．その答えはまだありません．刑期を終えたＡ元建築士は独白しているそうです．「私は地震で壊れる建物は設計していません．」「建築基準法の方が現実的ではないのです．」

談合と専門職原則

談合には民間の同種事業を行う事業所が秘密裏に話し合って事業費を高く設定する行為や行政機関の一部が民間に発注する工事などを一般競争入札させず，あらかじめ決めておいた価格（予定価格）を外部に漏らすなどして入札業者に不当な利益を供与する行為を意味します．後者が「官製談合」です．民間の「談合」も「官製談合」も事業所の利益に貢献しますが，最終的には不当に高い事業費を税金の納付を通じて経済的負担する庶民の不利益を招きます．

インターネットのホームページ等を通じて買い物をする際に消費者の預金口座番号や残高を秘密裏に調べて違法行為に手を貸す行為や利用者の名前，メールアドレス，購入品情報を秘密に纏めて売る行為もその延長線上のものです．

技術者は生活者として正当な収入を得ることは許されていますが，専門性を使って詐欺的行為に走り，高額収入を得たり，地位を獲得するのは専門職原則に違反します．この原則こそ技術者の矜持に直接係わるものです．

独占禁止法

談合行為や企業の連合により企業間の正当な競争を抑圧するカルテル行為などを取り締まる法律が「独占禁止法」です．この法律の運営を担う役所が「公正取引委員会」であり，そのホームページに「独占禁止法」について次のように書かれています．

独占禁止法の正式名称は，「私的独占の禁止及び公正取引の確保に関する法律」です．この独占禁止法の目的は，公正かつ自由な競争を促進し，事業者が自主的な判断で自由に活動できるようにすることです．市場メカニズムが正しく機

能していれば，事業者は，自らの創意工夫によって，より安くて優れた商品を提供して売上高を伸ばそうとしますし，消費者は，ニーズに合った商品を選択することができ，事業者間の競争によって，消費者の利益が確保されることになります．このような考え方に基づいて競争を維持・促進する政策は「競争政策」と呼ばれています．

独占禁止法に違反した場合

1. 公正取引委員会では，違反行為をした者に対して，その違反行為を除くために必要な措置を命じます．これを「排除措置命令」と呼んでいます．

2. 私的独占，カルテル及び一定の不公正な取引方法については，違反事業者に対して，課徴金が課されます．

3. カルテル，私的独占，不公正な取引方法を行った企業に対して，被害者は損害賠償の請求ができます．この場合，企業は故意・過失の有無を問わず責任を免れることができません（無過失損害賠償責任）．

4. カルテル，私的独占などを行った企業や業界団体の役員に対しては，罰則が定められています．

　日本における独占禁止法は第二次大戦直前の 1941 年に成立した談合罪の新設から始まっています．1947 年には「独占禁止法」が成立しています．1977 年に課徴金制度が導入されてこの法律の強制力が高まり，1992 年には法人に対する罰金の最高額が 1 億円に引き上げられています．2003 年には「官製談合防止法」が新たに成立しました．

官製談合事件，2005 年橋梁談合

　2005 年 7 月 15 日当時道路公団副総裁の U 氏が独占禁止法違反ほう助（不当な取引制限）と背任の罪で起訴されました．U 氏は大学の工学部土木工学科を卒業と同時に 1968 年に道路公団に入社し，順調に出世を重ねて 2004 年に技師長となり，同年に副総裁になって，技術職のトップになりました．U 氏の躓きは 21 世紀の夢の道路といわれた事業費 5 兆 6 千億円の第 2 東名高速道路の橋梁の建設に係わるものでした（写真 7-4）．高等裁判所の判決によると，U 副総

写真 7-4 第2東名高速道路の富士高架橋.

裁は，建設業者側の談合の仕切り役だったYブリッジ元顧問らと共謀．2004年発注の高速道路橋梁工事で受注調整（複数の建設会社に分割して発注）したほか，第2東名高速道路「富士高架橋」工事を割高な分割発注にするよう指示し，公団に約4780万円の損害を与えたと認定されています．U副総裁は2008年最高裁判所で独占禁止法違反（ほう助罪ではない）と背任の罪で懲役2年6カ月，執行猶予4年の判決が確定しています．一方，談合の相手側になった橋梁メーカー26社にはそれぞれ罰金1億6千万円〜6億4千万円が課せられています．メーカー側の担当者10名にも執行猶予付き有罪判決が確定しています[8]．

　この官製談合事件の登場人物はU副総裁も含めてほぼ全員が技術者でした．専門職の担当者として刑事事件の当事者になったのは大変残念なことでした．この事件は官製談合が公団側技術者の関連企業への天下りを前提とした利益供与だったとの解釈も喧伝されており，我が国の行政担当者と企業との不透明な関係の一角だと批判されています[9]．

　この事件で有罪とされた26社の橋梁メーカーは第2東名高速道路の橋梁工事をほぼ独占的に落札しており，受注調整によって不当な利益をあげたと考えられます．高額な建設費は国民の税金で賄われており，U副総裁はじめ関係企業の技術者の罪は深いといわざるを得ません．

7 正直性原則・専門職原則

83

練習問題7

1. 正直性の原則は技術者が専門職者として「科学的・技術的な正直性」を守る原則であり，データの改竄(データの都合の良い所のつまみ食いや恣意的な加工)や捏造，あるいは他人のデータの盗用をしないという原則でもある．本稿に取り上げていない例を調査せよ．
2. 群馬大学医学部附属病院における無謀な腹腔鏡手術により，多数の患者が死亡している．この件が専門職原則違反事例であることを示せ．
3. M大学法学部教授の1人が司法試験問題の一部を試験前に自学の学生の一部に示して合格を助けた事例があった．事件の詳細を調べ，教授の専門職原則違反であることを示せ．

参考文献

1) フォルクスワーゲンゴルフ諸元

http://www.fuelly.com/car/volkswagen/golf/2015

2) TBSラジオ2015年11月12日：「排ガス規制の不正の問題はVWだけなのか？」

http://synodos.jp/international/16060

2) 川端由美：東洋経済ONLINE P

http://toyokeizai.net/articles/-/87403?page=1-4

3) マツダ社クリーンディーゼル

http://www.mazda.co.jp/beadriver/dynamics/skyactiv/cleandiesel_new/

http://www.mazda.com/ja/innovation/technology/skyacive/skyactiv-d/

4) 失敗知識データベース

http://www.sozogaku.com/fkd/cf/CZ0200713.html

5) 構造計算書偽造問題

http://ja.wikipedia.org/wiki/ 構造計算書偽造問題

6) 国土交通省HP

http://www.mlit.go.jp/kisha06/07/070330/05.pdf

7) 公正取引委員会HP

http://www.jftc.go.jp/dk/dkgaiyo/gaiyo.html

http://ja.wikipedia.org/wiki/ 私的独占の禁止および公正取引の確保に関する法律

8) 橋梁談合

http://www.mlit.go.jp/singikai/kensetsugyou/tekiseika/050628/03.pdf

http://www.nikkei.com/article/DGXNASDG2500W_ V20C10A9000000/

9) 天下り批判（2005 年 7 月 26 日付け，しんぶん赤旗）

http://www.jcp.or.jp/akahata/aik4/2005-07-26/2005072601_ 02_2.html

8 技術者の九義務

　7章にわたって技術者の守るべき七つの原則を説明しましたが，最初に紹介した九つの義務についても説明します．

　九つの義務とは，注意義務，規範遵守義務，環境配慮義務，継続学習義務，情報公開義務（説明責任），忠実義務，守秘義務，自己規制義務，協同義務です．

　いくつかの義務は七つの原則に伴います．公衆優先原則は環境配慮義務を伴うものですし，継続学習義務は持続性原則と専門職原則に伴います．情報公開義務は誠実性原則と正直性原則によるものです．自己規制義務は専門職原則と対応しています．

　残る義務は，注意義務，規範遵守義務，守秘義務，協同義務です．

注意義務

　この義務は技術者倫理の諸原則の大部分と関係します．技術者は専門的な仕事を遂行するうえで公衆優先原則を常に意識し，関係法令をわきまえ，有能性原則，真実性原則，誠実性原則，正直性原則および専門職原則を守るように注意を払う義務があります．技術者は慎重な作業を心がけるべきなのですが，"うっかりミス"を犯す場合もあります．技術者の仕事は社会と直結していますので，そのミスが人命に関わる重大事故を起こす場合もあります．

森永ヒ素ミルク事件

　森永ヒ素ミルク事件は技術者のうかつな判断ミスが起こした重大事件です．1955年6月岡山県を中心に西日本一帯で乳幼児の原因不明の発熱，下痢，発疹，貧血，腹部膨張，肝臓膨張が報告され，死者が続々発生して，最終的には被害

者総数 12,344 名，死者が 130 名余りになりました．悲惨なことに患者は全て乳幼児でした (写真 8-1)．親とすれば，足りない母乳を補おうと我が子に与えた高価なミルクに毒物が混入していたのです．岡山大学医学部などの調査によって，この病気は森永乳業の作った粉ミルクによることが明らかになりました．この事件は，森永乳業徳島工場の製造した

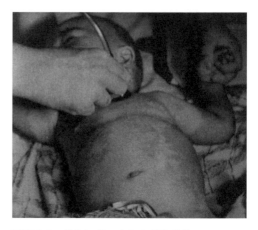

写真 8-1　森永ヒ素ミルク中毒患者[1]．

缶入り粉ミルクに 1953 年頃からヒ素が混入した結果起きたヒ素中毒でした．ヒ素は殺鼠剤やシロアリ防止剤に使われていますが，多量に摂取すると短時間で中毒死します．ヒ素入り粉ミルクを飲んだ乳幼児は，現在も脳性麻痺，知的発達障害，てんかん，脳波異常，精神疾患を患い，家族にとっても本人にとっても大変辛い思いをしています．ヒ素は原料ミルクの溶解度を上げるために添加された第二燐酸ソーダの不純物でした．ヒ素入り第二燐酸ソーダを製造したのは日本軽金属株式会社でした．この試薬は食品に添加することを目的にしていなかったので，価格が低かったわけです．同じ第二燐酸ソーダを国鉄仙台鉄道管理局はボイラーの洗浄のために日本軽金属から購入したのですが，ヒ素の混入を察知して返品していました．

　多数の乳幼児に大変な被害を与えた森永乳業は業務上過失致死一部過失傷害の疑いで起訴されたのですが，ヒ素入り第二燐酸ソーダを製造した日本軽金属に責任があるとの主張をして，一審では全員無罪でした．検察側が上告し，1973 年に森永乳業の元製造課長の有罪が確定して実刑を受けています．その後も森永側は企業としての責任を回避し続けたのですが，1974 年に被害者・厚生省・森永乳業の 3 者が話し合いをして「財団ひかり協会」が設立され，被害者の恒久的な救済の枠組みができました．森永ヒ素ミルク事件は広く住人を

苦しめた水俣病, イタイイタイ病, 四日市喘息の解決過程と良く似た経過を辿っています. 企業側の主張がまず裁判等で認められ, 住人側に苦痛を強いています. 本来ならば, 森永側の技術者は乳幼児のミルクを製造しているという重大な責任に基づいて, 購入品全般に国鉄の技術者が行ったような化学分析をしておくべきでした. 化学的な常識をもった技術者ならば, 燐鉱石には周期律表上同周期のヒ素, アンチモン, ビスマスが含まれることはわかっていたはずです. 燐鉱石には海鳥の糞 (グアノ) が原料のものと地中に埋蔵された燐鉱石の2種類があり, 前者は肥料などに利用されますが, 後者にはヒ素, アンチモン, ビスマスが含まれ, 注意が必要です. さらに, 燐鉱石の採れる地中の深度が深いので, 発がん性の高い放射性ポロニウムの含有も指摘されています. 価格は燐鉱石から採取された燐の方が圧倒的に安価ですから, 森永乳業の技術者は価格の安い方を安易に選んだ可能性も指摘されています.

　この例のように, 技術者の注意義務は非常に大きいものです. 安易な価格第一主義が取り返しのつかない悲惨な事故を引き起こします.

HACCP (Hazard Analysis Critical Control Point)

　PCB 入り食用油, カドミウム汚染米, 毒入り餃子など食品の安全性が脅かされています. HACCP (ハサップ) とは食品の製造・加工工程のあらゆる段階で発生するおそれのある危害をあらかじめ分析し, その結果に基づいて製造工程を見直して安全な製品を得るための重要管理点 (Critical Control Point) を定め, 継続的に管理点を監視・管理することで安全を確保する手法です. 責任ある企業における食品製造工程では HACCP を意識した製造管理がなされています. 森永乳業もこの手法を少しでも意識していれば, 悲惨な事故を防ぐことができたはずです.

規範遵守義務

　規範を法律の枠組みと理解すると, この義務は法律などの社会的ルールを守る義務, つまりコンプライアンス遵守義務だと言えます. しかし, これは誤解

を生みます．法律も社会的ルールも国ごとに違いますし，歴史的にも変化します．身分制度の残る国と民主主義の国とでも違っています．ここでいう「規範」とは「技術者倫理の発揮に結び付いた社会的な約束事」と理解して下さい．

東海村 JCO 臨界事故

　この事故は 1999 年 9 月 30 日に茨城県東海村の核燃料製造会社株式会社 JCO で起きた臨界事故（核燃料がかってに連鎖反応を始める事故）です．東海村は日立市とひたちなか市に夾まれた狭い村であり，原子力施設が密集しています．両市のベッドタウンでもあります．結局 2 人の作業員が高度の放射線（主に高速中性子線）被曝で死亡し，1 人が重体になりました．さらに，救急隊員以下 667 名が何らかの放射線照射を受けました．この事故は国際原子力事象評価尺度 (INES) レベル 4 の事故と評価されています．米国のスリーマイル島原発のメルトダウン事故がレベル 5 で福島第一原発の事故がレベル 7 という高レベルであったのに比べれば深刻度はやや低いものでしたが，この事故が交通量の大きい国道 6 号線に面した事業所で木曜日の午前 10 時半に起きた点で社会に及ぼす影響は極めて高いものでした[2].

　事故の経過：この事故の原因は国が指導した作業手順にはない「裏作業手順」に基づく作業にありました．核燃料であるウラン 235 を含む化合物（18.8％硝酸ウラニル水溶液）を本来なら「溶解塔」を使って混合すべきところ，裏作業手順ではステンレスのバケツで溶解していました．最終工程では臨界事故を防ぐために正規手順では「貯塔」という装置を使うべきところ，裏作業手順にもない背の低いステンレス製バケツ（電気洗濯機のようなもので，本来は沈殿槽）で 16.6 kgU（ウランを 16.6 kg 含む）の溶液を一度に混合していました．設計では 2.4 kg U が別々に混合されることになっていました．結果的に水を減速材とした連鎖反応が起き，バケツは原子炉になりました．本来なら原子炉の廻りには少なくとも 2 m から 3 m の厚みのある鉛や鉄を多く含むコンクリート製生体遮蔽体があって放射能の漏洩が防がれるのですが，JCO の場合は制御棒もない裸の原子炉ができてしまったのです．バケツ原子炉は物理法則に従って暴走しました．大量の中性子とガンマ線が放射されて作業員 3 名が深刻な放

8 技術者の九義務 89

射線障害を受けました．バケツ原子炉の停止が問題でしたが，即効性のある手段がなく，結局20時間という長期に渡って原子炉は暴走し，中性子とガンマ線を放射し続けました．死亡した作業員が全身で受けた放射線（中性子）量はA氏が16〜20 Sv（シーベルト），B氏が10 Svと評価されています．長崎広島の原爆では原爆症で亡くなる人は4 Sv前後からと言われていますので，その3倍から5倍近い被曝量でした．バケツ原子炉が連鎖反応を始めた時には生成した高速荷電粒子（α線とβ線および核分裂生成粒子）により，作業員が眼球の中の青いチェレンコフ放射光を見たと聞いています．

　推定1〜4.5 Svの被曝をした作業員C（当時54歳）は，一時白血球数がゼロになりましたが，放射線医学研の無菌病室において骨髄移植を受け，なんとか回復しました．

　臨界状態を終息させるための作業を行った関係者7人が年間許容線量を越える被曝をし，事故の内容を十分知らされずに，被曝した作業員を搬送すべく駆け付けた救急隊員3人が2次被曝を受けました．被曝被害者の受けた最高被曝線量は最大120 mSvであり，50 mSvを超えた被曝者数は6名でした．さらに周辺住民207名への中性子線等の被曝も起こっています．最大は25 mSvで，一般人の年間被曝線量限度の1 mSv以上の被曝者は112名でした．被曝者総数は，事故調査委員会（委員長：吉川弘之・日本学術会議会長）で認定されただけで667名とされています．この数字は2011年の福島原発爆発事故以前の放射線事故として最も深刻なものでした．

　この事故に直接責任があったのは現地の3名の作業員でしたが，雇用主のJCOが正規の作業手順とは別に裏手順書を作成していた点や核分裂反応に特段の理解力を持たない作業員（放射線作業従事者だったはずですが，原子炉工学は専門外）に危険な作業をさせていた点が放射線作業管理責任者として規範遵守義務違反でした．

　JCOにも原子炉工学の技術者はいたはずです．この事故はそのような専門知識のある技術者の責任でもあります．専門家なら作業員が持っていた裏手順書の危険性はわかっていたはずです．監督官庁にも瑕疵はあります．町の中の事業所でこのような危険な作業が日常的に行われていたことを見逃していたのは

監督官庁の能力が問われる点です．JCO の事故は核燃料の製造についての関係法令の不備も関係しています．JCO は通常はウランの濃縮度 3〜5％の燃料を製造していましたが，事故時は高速増殖炉常陽の 18.8％高濃縮ウラン燃料を製造していました[3]．作業員の裏マニュアルも無謀な作業も低濃縮燃料をつくる場合なら大事故を起こさなかったかも知れません．作業員に高濃縮燃料の危険度についての知識が全くなかったことは会社側の責任ですし，監督官庁の管理能力の問題です．高速増殖炉はプルトニウム 238 を能率良く作ることが目的です．プルトニウム 238 はウラン 235 よりも核分裂反応を起こしやすく，臨界に至りやすいことが知られています．事故を起こした JCO の燃料にプルトニウム 238 が含まれていなかったことを祈ります．

JCO の臨界事故に似た原子核燃料の臨界事故は欧米でも過去に何例かあります．欧米の例では臨界が継続した時間が数秒のレベルが多く，今回のように 20 時間もの長時間の事故は世界でも 2 例目です[4]．欧米の臨界事故は防護施設の整った所でのものが多く，JCO 事故のように多くの住民の住む町中で起きた点が異常です．我が国の原子力関連法令の不備が気になります．

規律（モラル）劣化の法則性

人間は厳しい規則があっても何とかそれを緩和しようとする癖を持っています（図 8-1）．生産現場を預かる技術者はこの劣化の法則性をしっかり理解した上で指導力を発揮することが求められます．モラルの程度が「わからなければ良い」レベルに達する前に規律の見直しをすべきです．そのためには組織内の情報流通に気をつけ，技術者と作業員との定期的な意識の交流を心がける必要があります．修正不可能なモラルの劣化は「規律」と「組織の損得」の

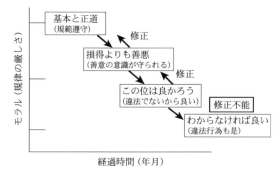

図 8-1 モラルレベルの時間変化

優先順位が逆転する場合に起きます．JCO の事故でも，違法行為は「裏マニュアルの方が簡単だ（早く帰れる）」という感情が「基準通り，複雑な工程を守る」行為に勝ってしまったことによります．

守秘義務

　この義務は様々な機会に政府や自治体職員あるいは民間企業の組織防衛上使われる表現だと思います．技術者倫理上の解釈も「職務上知り得た専門知識や個人情報を職場の規則に反して漏洩する行為」を防止する義務です．医師，弁護士，公務員，介護士などには法律で決められた守秘義務があり，違反者には処罰が課せられます．一方，職務上知り得た秘密を開示する場合，非常に難しい課題があります．組織に属する者が，その組織の不正行為を知り，その不正行為が守秘義務の対象となる情報を含んでいる場合，内部告発することによって確保される公益と，その者に課せられている守秘義務のどちらを尊重すべきか，という問題があります．近年，諸学会で，このような問題を含む技術者倫理のあり方が検討されています．今後，一連の「公益通報者保護法」のような法規の整備によって，この問題に合理的な決着を付けることが期待されています．我が国の「公益通報者保護法」は 2006 年 4 月施行された内部告発した労働者を保護する法律です．内部告発の対象になる 400 余りの事業活動に関する告発規定が謳われていますが，一般的な事業の告発に対する保護になっていません．倫理違反行為の告発に関する保護規定もありません．外国の内部告発に対する保護は我が国よりやや早く始まっており，英国では 1998 年に「公益開示法 (Public Interest Disclosure Act)」，米国では 1989 年に「内部告発者保護法 (Whistleblower Protection Act)」が成立しています．歴史的には内部告発者の保護はどの国でも始まったばかりです．

　守秘義務は，従来一部の職業人に課せられた義務でしたが，近年では産業スパイ対策として不当競争防止法が作られ，営業秘密の守秘義務が加わっています．この義務違反者には最高 10 年以下の懲役刑も課せられることになっていて，公務員の防衛秘密漏洩に対する最高 5 年以下の懲役刑と不釣り合いになっ

ています．営業秘密が違法な行為を含む場合は内部通報者保護法の対象です．営業秘密に価格カルテルが含まれていたケースでは内部告発者が永年にわたり不当な取り扱いをされたこともあり，内部通報者保護法の成立のきっかけになりました．内部通報者に対する保護には東京（第1，第2）弁護士会と京都弁護士会が「公益通報相談窓口」を開設しており，大阪弁護士会は「公益通報者サポートセンター」を設置して内部告発者の相談に応じています．大都市以外に在住する告発者は地域別の弁護士会に相談して下さい．

前節のJCO事故以降，原子力事業関係の内部通報者を保護しようとする動きがあり，2002年から「原子力施設安全情報申告制度」が発足し，「核原料物質，核燃料物質及び原子炉の規制に関する法律」（原子炉等規制法）に関する違反事例や命令違反行為を原子力規制当局（原子力安全保安院と原子力規制委員会）に内部告発する人を保護しています．すでに20件以上の保護案件があります．2011年の福島第一原発事故以前この申告制度がもっと活用されていたら度重なる原子炉のメルトダウンが少しは緩和されたのではないかと思われます．

協同義務

医師や弁護士あるいは弁理士のような職種では個人的な営業形態が一般的であり，大規模な仕事をする場合には，それぞれが得意とする専門領域を持ち寄ります．都市部に見られるオープン病院や総合法律事務所のような形です．技術者の場合，多くが私的事業所勤務であり，建築士や弁理士のような勤務形態は取っていません．しかし，技術士の資格認定が進み，技術コンサルタント業務が広く認められるようになれば，専門領域の違う技術者の協同事務所勤務もあり得ることになります．私的事業所の形態も欧米型の「所有者」・「経営者」・「技術者を含む被雇用者」という直線的な形態から，より軽快な「専門家共同体」・「経営者」・「被雇用者」という立体的な形態に変化してゆく可能性があります．日本では西暦578年創業で1400年以上の歴史を誇る寺社建築（宮大工）の企業「金剛組」がこの形態を取っていました．経営の根幹部分は技能に優れた棟梁が担っていました（金剛組は2005年以降，通常の建設会社に移行しています）．

協同義務は専門家集団内の協力体制と被雇用者との協力体制の確保に関する義務です. 専門家集団には明瞭な目的意識, 計画, 理念, 方針, 組織が必要です. 組織を円滑に運営するうえで大切なものが, 当事者同士の信頼関係の醸成と協同義務の遂行です. 作業員である被雇用者との間にも信頼関係の醸成と協同義務の遂行がなければ目的にかなう仕事はできません. そういう社会性をもった技術者同士の結びつきを確保する義務が協同義務です.

練習問題 8

1. 技術者倫理に関する九義務と七原則との相関性について論じなさい.

2. 環境配慮義務は法律的な枠組みから考えると難しい. 廃液などの排出などでは市町村ごとに基準が違うし, 国別の差も大きい. 日本では操業できない工場も外国なら法令上操業できる. このような「違法行為の輸出」の例を調べよ.

3. 原子力関係企業に働く A が職務上知り得た知識として, 「勤務中の会社が原発の 2 次冷却水に 2000 Bq/kg の放射能をもった液体廃棄物を投棄している.」があった. A はまず何をすべきか? また, 段階をおって, 行うべき行動を示せ.

参考文献

1) 森永ヒ素ミルク中毒事件 https://ja.wikipedia.org/wiki/ 森永ヒ素ミルク事件

2) 東海村 JCO 臨界事故 https://ja.wikipedia.org/wiki/ 東海村 JCO 臨界事故

3) 失敗事例 JCO ウラン加工工場での臨界事故

http://www.sozogaku.com/fkd/cf/CC0300004.html

4) 世界の臨界事故

http://www.rist.or.jp/atomica/data/fig_pict.php?Pict_No=04-10-03-02-01

5) 英国内部告発者保護法

https://en.wikipedia.org/wiki/Public_Interst_Disclosure_Act_1998

6) 米国内部告発者保護法

https://en.wikipedia.org/wiki/Whistleblower_Protection_Act

94

練習問題解答例

問題 1

1. ABET の要求する Student-outcomes とは以下の点である (ABET の 2016
-2017 基準).

学生は (a) から (k) までの能力と各教育プログラムが独自に要求する能力を
持つこと.

(a) 数学, 理学および工学の知識を応用できる能力

(b) 実験を計画し実施し, その結果の適切な解析力と解釈能力

(c) 業務遂行上課せられる諸条件, 例えば経済的, 環境適合的, 社会的, 政治
的, 倫理的, 健康的, でかつ安全で生産可能性と再生可能性を考慮し, 目的
に叶ったシステム, 要素および手順を組み立てる能力

(d) 様々な能力を持った人員からなるチームを有効に指導できる能力

(e) 工学的問題を分析し, 定式化し, かつ解決する能力

(f) 職業的で倫理的な責任を理解できる能力

(g) 有効なコミュニケーション能力

(h) 世界的で経済的かつ環境親和性が高く社会的な問題に対する工学的解決
方法の影響についての幅広い教育

(i) 生涯にわたる学習の必要性と学習能力維持についての理解

(j) 現在進行中の社会問題についての理解力

(k) 工学的実践に必要な技量, 技術を有し, 現代的な工学ツールを使う能力

ABET はこれらの教育要件を満たす教育目標を各高等教育機関が文章とし
て用意し, 学生と教員に周知させることを要求している (要求項目 3).
この他に,

・恒常的な教育の改善を行う教育組織の制度的保証 (要求項目 4)

・工学教育に相応しいレベルの数学, 科学 (生物学, 化学, 物理学) 生産現場
で必要とされる技術的判断に直結するエンジニアリングデザイン科目の充

実（要求項目 5）

・教員が教育科目全体に責任を負えるように組織されること，教育の恒常的な改善に意欲を示すように組織される事（要求項目 6）

・ABET が要求する充分なレベルの教育的施設を有すること（要求項目 7）

・ABET 審査対象の教育機関は ABET 基準を越える工学教育に必要な経済的基盤を用意すること（要求項目 8）

2.　プログラムが育成しようとする自立した技術者像に照らして，プログラム修了時点の修了生が確実に身につけておくべき知識・能力として学習・教育到達目標が設定されていること．この学習・教育到達目標は，下記の (a) 〜 (i) の各内容を具体化したものであり，かつ，その水準も含めて設定されていること．さらに，この学習・教育到達目標が広く学内外に公開され，また，当該プログラムに関わる教員および学生に周知されていること．なお，学習・教育到達目標を設定する際には，(a) 〜 (i) に関して個別基準に定める事項が考慮されていること．

(a) 地球的視点から多面的に物事を考える能力とその素養

(b) 技術が社会や自然に及ぼす影響や効果，および技術者が社会に対して負っている責任に関する理解

(c) 数学及び自然科学に関する知識とそれらを応用する能力

(d) 当該分野において必要とされる専門的知識とそれらを応用する能力

(e) 種々の科学，技術および情報を活用して社会の要求を解決するためのデザイン能力

(f) 論理的な記述力，口頭発表力，討議等のコミュニケーション能力

(g) 自主的，継続的に学習する能力

(h) 与えられた制約の下で計画的に仕事を進め，まとめる能力

(i) チームで仕事をするための能力

3.　日本技術士会は技術士に次の七原則（公衆優先原則，持続性原則，有能性原則，真実性原則，誠実性原則，正直性原則，専門職原則）と九義務（注意義務，

規範遵守義務, 環境配慮義務, 継続学習義務, 情報公開義務, 忠実性義務, 守秘義務, 自己規制義務, 協同義務) を守ることを要求している.

問題 2

1. 以下のような例がある.

   1. 職場会議を通じて七原則について理解を深める.
   2. 七原則を遵守するための仕組みを作る.
   3. 目標の設定, 責任体制の明確化, 期間の設定, 計画・実行・検証・改善 (PDCA) サイクルの確認.
   4. 他社・他業種との交流.
   5. 世代間の認識の差を解消する.
   6. 外国にある場合や外国人労働者を既に受けている場合, 国籍や身分制度のもたらす問題に常に気をつける. 国籍や身分の違う労働者にも七原則の理解を求める.

2. 以下のような例がある.

   2-1. 東洋ゴムの製造した耐震ゴムの性能が基準に達していなかった事件 (2015 年 3 月)

   公衆優先原則, 正直性原則, 誠実性原則に違反している

   2-2. 東急東横線元住吉駅構内の列車追突事故 (2014 年 2 月)

   車掌の注意義務違反, 正直性原則, 誠実性原則違反

   2-3. アロハ航空機が飛行中に一部破壊し, 客室乗務員の 1 人が機内から吸い出されて行方不明になり乗客も 8 名が負傷した事故 (1988 年 4 月)

   整備不良は誠実性原則, 正直性原則違反

   2-4. JX 水島製油所で海底トンネル工事中に落盤事故が起きて作業員 5 名が死亡した事故 (2012 年 2 月)

   事前の調査不足＝誠実性原則, 真実性原則違反

   点検体制不備＝持続性原則違反, 真実性原則違反

   2-5. JR 福知山線で通勤電車が脱線転覆し, 乗客, 運転士合わせて 107 名が

死亡，負傷者562名が出た事故（2005年4月）

ATS-ATC装置設置せず＝JRの誠実性原則，点検体制不備＝公衆優先原則違反

当日の運行指揮の不備＝専門職原則違反

2-6. 東日本大震災直後，東京電力福島第一原子力発電所で3基の原子炉建屋が爆発した事故（2011年3月）

アメリカ仕様の発電所を無配慮に設置した＝真実性原則違反

安全委員会からの度重なる助言を無視＝誠実性原則，正直性原則違反

問題3

1. 参考となる情報

https://royalsociety.ort/tipics-polycy/tethics-conduct/topic/

http://www.raeng.org.uk/policy/engineering-thics/ethics

英国の科学担当官 W. J. King 博士は次の七原則を示している．

1. 技術と方法論について常に研鑽を怠らず最新性を保つこと

2. 不正を排し，利益相反を起こさないこと

3. 他の研究者の研究成果に対して良く理解し，敬意を払うこと

4. 合法性を保つこと

5. 他者，動物および環境に対する悪影響の低減に努めること

6. （研究に伴う）社会的な問題について真剣に議論すること

7. 嘘をつかないこと．現象は正直にかつ正確に報告すること

King 氏は "科学者の社会的責任を期待して決めたこの7点の遵守により科学者とペテン師，医薬とイカサマ治療薬，科学と空想とが区別される" と言っている．この七原則は日本学術会議の「行動の規範」の内容とほぼ同一だが，日本の規範には「合法性」の文言がない．逆に英国の規定には日本の規範にある「不正行為の詳細」についての言及がない．英国の規定にも学術会議の規範にも明確な「公衆優先原則」への言及がないが，社会的責任についての言及はある．

2. J. H. Schön の電荷注入超伝導の例：

J. H. Schön, Ch.Kloc and B.Batlogg, Nature **406** (2000) 702-704, ibid **408** (2000) 549-552, ibid **403** (2000) 408-410.

Schön 等はペンタセン（5 個のベンゼン環が重合したもの）結晶中直鎖が平行に並んだ結晶にヨウ素や臭素を電界チャージしてキャリアを増やし，導電体とし，超伝導現象を捉えた．超伝導転移温度が 2 K であると報告した．さらに結晶性 C_{60} に水素ガスチャージして金属化し，転移温度が 52 K にまで上昇したと報告した．

これらの矢継ぎ早の報告を読んだ世界中の研究者等は再現実験を試みたが誰も再現できなかった．Schön の論文には試料調整についての細かい説明がなかったものの，得られたデータには説得力があった．しかしこれらは「捏造」されたものだった．物理的に考えてみれば，電界によってチャージされた電荷の空間分布や寿命から考えて超伝導転移温度が 52 K まで上昇する合理的理由がなかった．

3. 成文が Internet 公開されている学協会

日本物理学会，応用物理学会，日本化学会，日本金属学会，情報処理学会，電子情報通信学会，日本機械学会，電気学会，土木学会，日本原子力学会，日本科学者会議

4. 公衆優先原則と経済性・特許とが完全に両立する場合はむしろ少ない．医薬品の特許関係にそれが著しく，成人性免疫不全症（AIDS）特効薬のように一部のアフリカ諸国では国の存亡にも係わる例がある．当該国では国の維持のために，先進国の特許で製造された治療薬が先進国の補助金によりほぼ無料で配付され，患者の命が守られている．

COP21 のような気候変動についての国際会議は地球全体の保全に必要なものであり，その合意事項の遵守が公衆優先原則の徹底に繋がる．公衆優先原則を意識した研究を実施するには情報公開を定期的に行ったり，資

金援助先に政府機関や地方公共団体を選び，公共性を高める必要もある．
国際競争の厳しい部門では情報管理の徹底が求められている．

問題4

1.　以下の URL に説明がある．概要，背景，法的問題の説明を省く．

https://ja.wikipedia.org/wiki/ カネミ油症事件

「公衆優先原則違反について」：本件は「米糠油」のような本来上質な食用油
だと思われて購入された商品がダイオキシンを含む毒物だったという悲惨な
事件である．消費者を大きく裏切った点が悪質である．工場側の PCB に関す
る認識不足も大きな要素である．PCB は絶縁性が高く，高温では分解するが
低温では熱分解しないので，熱媒体やトランス用絶縁油として人気が高かっ
た．しかし，PCB 自体に毒性があり，PCB を繰り返し加熱すると PCB 中の塩
素と有機分子に再結合が起きてダイオキシン類が発生することがわかってい
る．カネミ油の製造所は繰り返し加熱による PCB の様々な変質について正
確な測定をすべきだった．結果的に多数の被害者がでており，後遺症に苦し
む患者が今日も残っている．

2.　概要，背景は次の URL にある．

http://ja.wikipedia.org/wiki/ コンピュータウイルス

「法的問題」：

コンピュータウイルスについての立法が相次いでいる．罰則も強化されてい
る．コンピュータウイルスは単に他者の所有物を破壊するだけでなく，他社
の情報，他国の機密情報詐取や改竄を目的として作成され，拡散されている．
コンピュータウィルスに対する防衛が各企業，各国の防衛・攻撃の手段にま
で変貌している．国内的情報漏洩や詐取であれば，国内法規上取り締まりが
可能である．しかし，他国政府省庁による組織的情報詐取や意図的改竄，あ
るいは真実ではない情報の拡散については取り締まる法的根拠がない．他国
の情報機関や悪意のある情報技術者による情報操作が政治的な問題になって
おり，情報化社会の病理の一部にもなっている．

「公衆優先原則」:

インターネットから得られる情報の中から文書などの形で未来に残るものは少なく，発信された後の拡散の仕方あるいはされ方によって有効にも無効にもなる．無料インターネットが世界中で共有されている現在，情報の善し悪しを消費者が判定することが困難である．公衆優先原則に則した情報選択を行うよう情報技術者は心がけるべきであり，実施できてこそ技術者倫理の実行者と認定される．

問題5

1-1　<u>中国</u>：2012年3月28日から企業の排出量についての事業が開始されている．北京では $400 \sim 500$ 社の $2011 \sim 2015$ 年間の CO_2 排出量の削減目標 18％が掲げられている．各企業に年間 10,000 t の固定排出量について，裾切り（端数は無視して良い）がある．実際の取引は $2016 \sim 2020$ 年に開始される予定である．

<u>上海</u>では $2011 \sim 2015$ 年間に CO_2 削減目標19％が決定されている．16業種 200 社が当初の対象企業である．年間 10,000 t 以下の CO_2 排出企業は ETS 制度の枠外だが排出量についての毎年の報告が義務である．$2010 \sim 2011$ 年間の排出量 20,000 t-CO_2 以上の会社には裾切りが許される．

<u>日本</u>：日本における排出量取引はまだ検討段階である．次の URL に報告がある．

http://www.env.go.jp/policy/keizai_portal/F_research/#kenkyu3

排出される CO_2 の価格を 91 円 /kg-CO_2 で取引を行う．2676 社（2010年8月現在の上場企業）に温暖化防止に関するアンケートを実施．国内の CO_2 排出量にたいするクレジット制度を検討している．国際的な浄化メカニズム（Clean Development Mechanism, CDM）クレジットの購入実績がある．

日本における企業間取引では再生エネルギークレジットとして，5000円〜6000円 / t-CO_2 が決められており，自治体が査定した超過削減量についての売り渡し価格を 1000円〜2000円 / t-CO_2 としている．実取引は 100 万円から 1000 万円を単位とする．

東京都ではグリーン電力証明書を発行している.

排出量規制対象企業として年間 1500 kL 以上の原油に換算されるエネルギー消費企業が選ばれ, 3 年間で 6 ～ 8％の削減義務が課せられる. 削減に応じない企業には目標の 1.3 倍の排出権の購入義務が課せられる.

東京都では財団法人日本エネルギー経済研究所グリーンエネルギー認証センターが CO_2 排出量についての証明書を発行する.

1-2. ヨーロッパ, オーストラリア：

2012 年 7 月 1 日よりオーストラリアで炭素価格付け制度が開始

2014 年廃止

2012 年からの価格：25 豪ドル／t-CO_2

期間	2012 年 7 月～ 2015 年 6 月	それ以降
制度	固定価格期間	変動価格期間
割り当て	25 豪ドル／t-CO_2 が毎年 2.5％ずつ上昇	原則オークションで取引する
費用軽減	国際クレジット利用が不可 国内オフセットクレジット（他の企業の過剰削減量のクレジット）の利用を 5％以内とする	国際クレジットの利用は制限を受けるが 50％以内の利用は可能 国内オフセットクレジットの利用は可能
罰則	目標値未達成部分について, 1.3 倍の課徴金	前年度購入クレジットの 2 倍の購入義務を負う

カナダでもこの制度と同様の制度を検討

2-1. 太陽活動変動説

太陽活動には大きな変化と小さい変化とがあり, 氷河期は大きな変化によるものである. 小さい変化は数百年周期で起きる. 中世から近世（1300 ～ 1800 年代）は小氷期と言われる程の低温期であり, 特に 1700 年代は世界的に極寒期だった. それ以降の温度上昇は次の小氷期への気候変動と考えて良い. 炭酸ガスによる温室効果は考えなくても良いレベルである.

特定されていないが，気候変動の要因として次の 8 項目が挙げられている．

(1) CO_2 濃度

(2) NO_x や SO_3 のような自然要因によるエアロゾル濃度

(3) 自然要因によるメタンガス濃度

(4) 太陽活動の周期的変動

(5) 太陽黒点の個数変化

(6) 宇宙線の照射強度変化

(7) 太陽磁束密度の変化

(8) 太陽熱放射強度の揺らぎ

2-2 宇宙線による低層雲の発生説：

比較的最近唱えられた説である（増田公明, J.Plasma Res.90(2014) 141-145.）．銀河から飛来する宇宙線の増減が地球全体の低層雲の量と相関するという赤池説がある．赤池説によると銀河由来のエネルギーの高い陽子線が低層雲の発生に繋がるという．地磁気により宇宙線照射強度が高緯度地方で 3 割程高くなる．一方太陽由来の陽子線のエネルギーは 10 GeV 以下なので，低層雲の発生には直接繋がらない．化石試料の検討により，銀河由来の高エネルギー宇宙線（陽子線）強度の揺らぎは大変小さく，地球の気候への影響はほぼないと結論された．

3. 参考資料：https://ja.wikipedia.org/wiki/ 笹子トンネル （中央自動車道）

この事故は我が国の道路行政の起こした最悪の結果と言える．建設したのは日本道路公団である．まず設計段階に問題がある．このトンネルは D 建設と O 組および TB 建設の 3 社が担当した．これらの会社は元請けであり，実際の設計建設は下請け業者による．問題は崩落した通気口トンネルの設計をどこが担当し，設計審査はきちんと行われたのかと言う疑問である．事故後明らかになった情報によると，設計は建設コンサルタント業の PK 社であり，施工は「建設アンカーボルトのパイオニア」と称する企業だった．天井板部分は D 建設が元請けだった．施工ではトンネルの天井にドリルで 2 列の孔を

開け，エポキシ樹脂カプセルを挿入後鉄のボルトを打ち込んだ．そのボルトにコンクリート壁をぶら下げ，その壁でコンクリートの天井板をつり下げるという危険な設計だった．建設以来34年の時間経過があり，度重なる地震や樹脂劣化によりボルトが抜け，天井板が落ちた．笹子トンネル事故は起こるべくして起こった，初歩的な工学的欠陥による事故である．笹子トンネル自体にも施工不良があった．掘削したトンネルが大きすぎてコンクリートの内張と密着していなかった．この施工不良を会計検査院は早期に発見していたが，不思議なことに監督官庁（国土交通省）は不問に付した．2005年，中央自動車道をはじめとする高速道路の管理は道路公団から外郭団体のNEXCOに引き継がれた．その管理状況は本文に書いた通りであり，不十分なものだった．技術者倫理・工学倫理上の問題点が多々ある．

(1) 公衆優先原則：一般的な道路利用者から9名もの犠牲者が出た．高速道路は公衆の利益のために設置されたものである．今回の事故は高速道路によって殺人が行われたに等しい．

(2) 真実性原則：樹脂で固めたアンカーボルトに依存したトンネルの天井板が如何に危険なものかという点についての工学的理解がなかったので，設計者・施工者の技術的落ち度は決定的である．監督官庁の工学的理解も乏しい．

(3) 持続性原則：不良な工事によって作られた笹子トンネルの点検体制も不良である．アンカーボルトを目視だけで管理していた．技術者は継続的な安全点検にも責任がある．

(4) 専門職原則：不良な工事をすること自体専門職原則に違反する．その後の安全点検にも瑕疵があり，その部分にも原則違反がある．

問題6

1-1. 事故時，対策に当たったソ連の職員・軍人1000名が2〜20Gyの放射線を浴びた．これら職員・軍人の内，最初の4年間で500mSv以上の照射を受けたものがおり，平均でも100mSvの放射線を浴びている．同地区の住人は1986年春から夏にかけて退去しており，平均33mSvの放射能を浴び

たと推定される（福島の場合，最初の4年間で，250 mSv 以上の作業員6人，100 mSv 以上の作業員174人，平均12.6 mSv の平均被曝量を13,736人の作業員が受けている）．

犠牲者：急性放射線障害により事故後1年間で134名の作業者が犠牲になった．これは主としてβ線照射による．β線は電子線であり，皮膚で止まるので，多量の照射で火傷を起こす．β線による火傷が原因で敗血症になり，死者が出た．28名が1986年中に死亡したが，そのうち2名は落下などによる労働災害による．

1-2. 広島長崎の原爆投下による犠牲者は爆発に伴う機械的打撃，熱線による火傷，致死量以上の放射線照射による犠牲者と，黒い雨に象徴される原爆のfall-out（残留放射能）による長期の放射線照射による犠牲者に分けられる．

　広島の犠牲者数は1945年12月末までに14万人，全体で20万人

　長崎の犠牲者数は1945年12月末までに9万人，全体で14万人

　と考えられている．チェルノブイリ事故の犠牲者は大部分が作業員であり，長期の放射線照射による癌患者とヨウ素131による甲状腺癌患者の数は1992年から2002年で4000人に上り，15名が死亡している．ただし，このレポートが纏められた頃のウクライナ共和国の統計では子供の甲状腺癌患者数を5000名としている．作業従事者の放射線による白血病，固形癌および循環器癌の発生がロシア政府から別途発表されている．

1-3. 1986年から1998年の間に除染に係わった61,000名の作業員は平均107 mSv の放射線照射を受けており，その5％は放射線による癌で亡くなった．子供達のヨウ素131による甲状腺癌は1986年の事故から4年を過ぎた頃から目立って増加しており，6年後の1992年頃からは一定の速度で増加し続けている．その割合は2002年時点で，10万人の子供当たりロシア共和国で7名，ウクライナ共和国で2名である．

1-4. 放射線障害は長期に渡るので，IAEA はロシア，ウクライナ，白ロシア3国

に対して事故後 10 年から 15 年は住民の健康チェックを行うよう推奨している. 次の点にも留意すること.

(1) 子供達のヨウ素 131 の吸引に伴う甲状腺癌の発生を抑制するために事故発生の 6 ～ 30 時間以内にヨウ素剤の投与が有効である. チェルノブイリ地区に隣接した Pripyat の子供達はヨウ素剤を投与されたので, 甲状腺癌の発生を他の地区の 1/6 程度まで抑制することに成功した. 各国政府はヨウ素剤の準備をすべきであった.

(2) 最近 (2002 年) 放射線の高度照射によると見られる循環器系の癌の発生が報告されている. 慢性リンパ性白血病 (CLL-Leukaemia) 以外の発生も放射線照射と関係があると言われ始めている. 150 mSv 以上の照射を受けた作業員が non-CLL 型白血病に罹る率が上がっているので, 除染作業員の健康管理もこの点に留意すること.

(3) 原発事故地区における甲状腺癌の著しい増加はないものの, 放射線障害による被害者はゼロではない. 低照射を受けた人々の健康にも注意すべきである.

(4) 放射線照射と健康に関する組織的研究は不十分であり, 今後も注意深く研究を継続すること.

(5) 高度照射を受けた作業員と子供達に明らかに白内障が増えている. 250 mSv 程度の照射でも白内障の発生が見られるので注意すべきである.

(6) 植物に対する高度照射の影響としては針葉植物の枯死や無脊椎動物の減少が起きている. 高度汚染地区の植物と動物の生殖細胞への影響は事故後数年間認められている.

(7) 子供達への精神的サポートが必要である.

(8) リスクコミュニケーション (原因を作った側と被災者との直接対話) が必要である.

1-5. 事故直後, 放射性ヨウ素 131 対策のヨウ素錠剤は用意してあったが政府も東電も福島県も事態の深刻度を読み間違え, 住民に錠剤を渡して飲むようには指示していない. 最も強い放射線降下物が降り注ぐ中を住民が避難した.

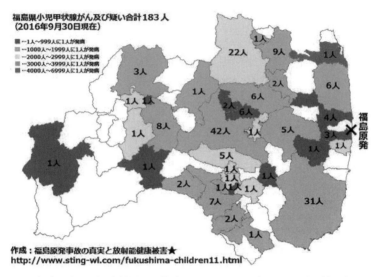

図　福島県内で原発事故後に甲状腺がんになった子どもたちの地域的分布図

(1) 子供達への組織的な甲状腺チェックが行われている．予想通り，子供達の甲状腺癌の患者が増えてきている．図は事故後から 2016 年 9 月までの福島県の甲状腺癌患者数 183 名の地域的分布を示す．原発に近い沿岸部と放射性降下物の降った猪苗代までのベルト地帯に多い．

(2) 事故を起こした原子炉等の取り片付けと高度汚染物質の地中処分は東電と政府が一部行っている．

(3) IAEA は汚染地区住民と避難民の不安，健康レベルの低下，生活レベル低下，収入減少について有効な対策を取ることを要求している．日本国政府がこれを充分に行っているのか疑問である．

2. 参考データ：http://www.data.jma.go.jp/svd/eqev/data/higai/higai-1995.html
    https://ja.wikipedia.org/wiki/ 歴史的な津波の一覧

江戸時代以前の為政者の対策は断片的にしかわかっていない．　1707 年宝永地震以降は為政者の一般民衆への救済が制度的に整った．

練習問題解答例　　　　　　　　　　107

発生年	マグニチュード, M	被災地域	犠牲者数
6500 年 ～ 2000 年前少なくとも 11 回	M8 クラス	土佐地方	多数
4000 年 ～ 2000 年前少なくとも 5 回	M8 クラス	関東地方の相模トラフ関連地震	多数
紀元前 2000 年～200 年の間 4 回	M8 クラス	北日本の日本海側地方に波高 10 ～ 15 m の津波を伴う地震が起きている	多数
紀元前 4 世紀から 3 世紀	M9 クラス	海溝型地震津波が太平洋地域に来襲	多数
過去 7000 年間に 16 回	M9 クラス	南海トラフ起源の超巨大地震津波	多数
紀元後 430 年頃	M9 クラス	東北地方に海溝型地震津波が来襲	多数
684 年	M8.25	白鳳地震（天武地震, 東南海連動地震）津波	多数
869 年	M8.3 ～ 8.6	貞観地震（東日本地震）津波, 岩手県～福島県	およそ 1,000 人
887 年	M8 ～ 8.5	仁和地震（南海トラフ地震, 東海地震も連動）	多数
1096 年	M8 ～ 8.5	永長地震（東海, 東南海地震）津波	10,000 人以上
1099 年	M8 ～ 8.5	康和地震（南海地震）津波	土佐地方に多数の死者
1293 年	M8	鎌倉大地震（相模トラフ地震）相模湾沿岸に大津波	23,000 人
1361 年	M8.25 ～ 8.5	正平地震（南海トラフ地震）	摂津, 阿波, 土佐で津波被害, 多数
1408 年	M7 ～ 8	応永地震	紀伊, 伊勢地方で犠牲者
1498 年	M8.2 ～ 8.4	明応地震（東海, 東南海地震）津波	土佐から鎌倉まで大津波, 30,000 ～ 40,000 人
1605 年	M7.9 ～ 8	慶長地震（南海, 東海トラフ地震）津波	10,000 ～ 20,000 人
1611 年ないし 1635 年	M8.6	千島海溝地震	不明
1611 年	M8.1	慶長三陸地震（東北地方, 伊達領）津波	2,000 ～ 5,000 人
1614 年	M7.7	高田領大地震	不明
1616 年	M7.0	宮城県沖地震・津波	不明
1646 年	M7.6	仙台地震	不明

発生年	マグニチュード, M	被災地域	犠牲者数
1671 年	M7.3	紀伊水道沖地震	不明
1677 年	M7.25 〜 8	延宝八戸地震・津波（青森県東部）	不明
1677 年	M8	延宝房総沖地震・津波（福島〜千葉）	500 〜 600 人
1703 年	M8.1 〜 8.2 余震 M6.5	元禄地震（関東南部に津波）ほぼ同時に豊後で地震	6,700 人
1707 年	M8.4 〜 8.6	宝永地震（南海トラフ型地震）	4,900 人 〜 20,000 人
1717 年	M7.5	宮城県沖地震・津波（陸前, 陸中）	不明
1741 年	M6.9	寛保津波（北海道西南沖大島で火山性地震）	2,033 人
1751 年	M7 〜 7.4	高田地震（越中越後）	1,541 人
1763 年	M7.4 〜 7.9 余震 M7.3	宝暦八戸沖地震・津波	不明
1769 年	M7.25 〜 7.4	日向豊後肥後地震	不明
1771 年	M7.25 〜 7.4	八重山地震・津波	1,200 人
1793 年	M8.0 〜 8.4	寛政地震（連動型）・津波	100 人
1833 年	M7.25 ± 0.25	庄内沖地震・津波	不明
1835 年	M7.0	宮城県沖地震・津波	死者多数
1843 年	M7.5 〜 8	天保十勝沖地震・津波（厚岸）	46 人
1847 年	M7.4	善光寺地震	10,000 〜 13,000 人
1854 年	M7.25	伊賀上野地震	1,800 人（625 人説もある）
1854 年	M8.4	安政東海地震・津波（房総から四国）	2,000 〜 3,000 人
1854 年	M8.4	安政南海地震・津波（東海地震の次の日, 紀伊土佐）	1,000 〜 3,000 人
1854 年	M7.3 〜 7.5	豊予海峡地震（南海地震の40 時間後）	不明
1855 年	M7.0 〜 7.1	安政江戸地震	4,700 〜 11,000 人
1856 年	M7.5 〜 8	安政八戸地震・津波（三陸, 北海道に津波）	29 人
1891 年	M8.0	濃尾地震（根尾谷断層）	7,273 人
1894 年	M7.9	根室半島沖地震・津波（北海道, 東北）	1 人
1896 年	M8.2 〜 8.5	明治三陸地震・津波	21,959 人
1897 年	M7.4	宮城県沖地震	なし
1897 年	M7.7	三陸沖地震・津波	なし

発生年	マグニチュード, M	被災地域	犠牲者数
1898 年	M7.2	宮城県沖地震	なし
1901 年	M7.2	青森県東方沖地震・津波	18 人
1911 年	M8	喜界島地震	12 人
1918 年	M8	択捉島沖地震	24 人
1923 年	M7.9	関東大震災（関東南部から山梨県）	105,385 人
1927 年	M7.3	北丹後地震（宮津と豊岡）	2,925 人
1933 年	M8.1	昭和三陸地震・津波（岩手, 宮城, 福島, 茨城）	3,064 人
1937 年	M7.6	択捉島南東沖地震	なし
1943 年	M7.2	鳥取地震	1,083 人
1944 年	M7.9	東南海地震・津波（伊豆から紀伊）	1,223 人
1946 年	M8	南海地震・津波（房総から九州）	1,443 人
1952 年	M8.2	十勝沖地震・津波（北海道から東北）	なし
1958 年	M8.1	択捉島沖地震・津波（太平洋地域）	なし
1963 年	M8.1	択捉島沖地震・津波	なし
1964 年	M7.5	新潟地震	26 人
1968 年	M7.9	十勝沖地震・津波（三陸に5 m の津波）	52 人
1983 年	M7.7	日本海中部地震・津波（青森県深浦から秋田）	104 人
1993 年	M7.5	釧路沖地震	230 人
1994 年	M8.2	北海道南西沖地震	11 人
1994 年	M7.6	三陸はるか沖地震	3 人
1995 年	M7.3	兵庫県南部地震	6,437 人
2003 年	M8	十勝沖地震・津波（2 m）	2 人
2011 年	M9.0	東日本大震災・津波（5〜35 m）	18,455 人（行方不明者を含む）
2015 年	M8.1	小笠原諸島西方沖地震	なし
2016 年	M7.3, 6.5	熊本地震	97 人

3. 「不合理な非現実的なルールの存在」

　誠実性の原則に従ってルールの見直しを配下職員と相談の上行い, 持続性の原則に従って定期的に見直す.

　「ルールの理解不足」

配下職員を含む全ての構成員とルールの内容や必然性等について意思疎通を計って理解を深め，かつ持続性の原則に従って定期的にルールの理解度を確かめる．

「保安コンプライエンスを軽視する価値観の蔓延」

基本的にはルールの理解不足がある．職場構成員同士の意思疎通不足や相互協力・相互理解も不足している．これらを解消し，風通しの良い職場を作る事が専門職原則に忠実な態度である．職場の士気を高めるには明瞭な目標の設定も必要である．

「社会的影響，処罰の心配」

ルール違反者に対する過度の圧力は職員の士気を低下させ，緊張感を増加させ，返って大きな事故を引き起こす事になりかねない．日常より職員と意志を疎通させると同時に問題提起に気軽に応じる事が誠実性原則や専門職原則，持続性原則にかなう．

問題7

1.　本文で多少触れているが，韓国の元ソウル大学獣医科学大学教授 Hyung-In Moon(黄禹錫)の ES 細胞事件がある．彼は不正発覚後ソウル大学を懲戒免職処分になっている．彼の執筆した論文の内，不正と認められたものは 35 編にのぼる．彼は 2005 年に犬のクローンを作ることに成功したが，その業績は羊のドリーのクローンと同様に本当にあったこととされている．しかし，同時期，彼は人間の受精卵を原料として ES 細胞を作ったと報告した．その後，彼の作った ES 細胞の内，NT-1 と言う株だけが本当の ES 細胞であると認められた．発表された論文には不自然な箇所が多く，ES 細胞の発生確率が高すぎると指摘されている．また，人間の単為生殖まで可能であるかのような記述があった．さらに，彼の実験は何らの倫理的審査も受けずに，人間の受精卵を使っていた．これは重大な生命倫理上の問題を含んでいる．単為生殖が可能という記述には何らの科学的根拠がなく，不正論文として指弾され，大量の論文撤回に至っている．彼の作ったという ES 細胞 NT-1 株は彼の意図で作られたものではなく，偶然に発生したものと判定されて現在に至ってい

る．黄教授の発表論文に使われた写真にも捏造が認められ，2 個の卵子の写真から 11 個の卵子の写真を作った．人の ES 細胞製造についての記述はほぼ全て捏造だと判定されている．

2.　専門職原則は専門職に携わる技術者はもてる技術を常に磨き，最も適した方法で問題解決に当たるべきだとする原則である．専門職に携わる人は属する団体の利益を高めることが最終目標なのではなく，技術を発揮することにより，効果的な社会貢献をすることが期待されている．群馬大の腹腔鏡手術は肝臓手術のような開腹手術でさえ危険な場面で多用されており，多数の患者の命が失われた．術者等は同学の他の医局との手術例競争に勝つことが目的で無理な手術法をえらんでおり，患者の安全や命の維持には関心が無かった．明らかに専門職原則に違反している．むしろ殺人罪の可能性さえ疑われる．

3.　国家試験により資格認定がなされる場合，多くの類似例がある．司法試験は最難関の資格試験である．試験問題は司法業務の経験のある法学者，法務省職員（裁判官など）から構成された作題委員会が作っている．作題の内容やレベルについても慎重に検討されているが，作題される分野が広く，作題委員が固定されがちな分野がある．漏洩事件はこのような固定されやすい分野の問題で起きている．作題委員を数年続けていた A 教授が自分の教え子の一部に問題を漏洩させ，その学生の便宜を図った．その学生の答案が出題者の模範解答と似すぎていたので，事件が発覚した．A 教授の問題漏洩が単年度のものだったか複数年度にわたるものだったかは明らかにされていない．A 教授は法律家という専門職者であり，専門職原則を守るべき立場にあった．司法試験のような国家的な資格試験の出題委員になることは単に名誉であること以上に国家の根幹となる法律の信用性とも係わる．A 教授の問題漏洩はその責任に疵をつける行為であり，専門職原則違反である．

問題 8

1. 九義務と七原則の間に 1:1 の関係はないが，継続的学習義務と持続性原則，忠実性義務と誠実性・正直性原則，守秘義務と誠実性原則および専門職原則，協同義務と専門職原則は近い関係にある．

2. 参考となる情報：https://www.hrw.org/ja/news/2012/10/09/247717
    皮革を鞄や衣類の材料にするには生皮の鞣し（なめし）工程が必要である．植物性タンニンや明礬（みょうばん）を使う伝統的な方法とクロム硫化物を使う方法がある．後者によって処理された皮革の市場価格が高い．先進国においては，クロム硫化物は毒性が強く，環境汚染の観点から利用できない．しかし，なめされた皮革の需要は非常に高い．ここに公害輸出の典型例がある．クロム化合物による皮革のなめし作業を最も大規模に行っているのはバングラデシュであり，アフリカ諸国も行っている．バングラデシュでは 11 歳児までが危険なクロムなめし作業員として過酷な労働についており，深刻な労働災害が起きている．その一方，バングラデシュから輸出されるなめし革は毎年数億ドルに登り，貴重な外貨収入になっている．クロム鞣し作業により，労働者の皮膚疾患や呼吸器疾患が頻発している．劣悪な労働環境により機械に夾まれて手足を失う事故も起きている．労働者の年齢制限，環境基準，労働環境など先進国のレベルと大きく異なる国で作る革製品が先進国を豊かにしていることに注目すべきである．

3. 原発由来の放射性廃棄物について，「放射性物質汚染対策特措法」では第17，18 条に基づいて放射性 Cs134（セシウム）と Cs137 の合計が 8000 Bq/kg 以下のものを「指定廃棄物」と定義しており，その処理は第 19 条に基づいて国が行うことになっている．放射性廃棄物とされる液体は Cs134 で 20 Bq/m^3，Cs137 で 30 Bq/m^3 以上の放射性物質を含むものと環境省によって定義されているので，問題の 2000 Bq/kg の液体廃棄物は「放射性廃棄物」であると同時に，保管すべき「指定廃棄物」であり，その存在を環境省に報告

し，正しい方法で保管する必要がある．処分方法は国が定めるところによる．
従って行うべき行動として，

(1) Aは放射性液体廃棄物の無断投棄が違法行為に当たることを当事者に伝
えて直ちに投棄を中止するように申し出ること．

(2) 行政当局および環境省に緊急連絡して廃棄物の保管方法を協議するこ
と．

(3) Aの職場の当事者全員に正しい放射性廃棄物の取り扱い方法を周知させ
ること．

索　引

アルファベット

ABET	5
ABET 認定コース	5
CEng 資格	6
Chartered Engineer, CEng	7
Code of Engineering Ethics	8
COP（Conference of the Parties）	48
COP21	48
CVCC エンジン	36
fabrication	19
falsification	19
HACCP（Hazard Analysis Critical Control Point）	87
ISO 規格	10
IPCC	47
IPCC 第 5 次報告	49
IPCC 第一作業部会報告	49
JABEE	5
JABEE 認定コース	5
PDCA サイクル	23
PE（Professional Engineer）	7
PE 資格	6
PE の基本原則	10
plagiarism	19
Plam-Do-Check-Action	23
SKYACTIV-D エンジン	76
spiral-up	23
STAP 細胞作成	15
Student Outcomes	6

ア行

アル・ゴア（アメリカ合衆国元副大統領）	49
イソシアン酸メチル	38
インドボパール化学工場爆発事故	38
裏作業手順	88
大阪エキスポランドジェットコースター風神雷神 II 事故	42

カ行

改竄（実験データの）	19
科学者の基本的責任	22
環境配慮義務	9,85
官製談合	80,81
既往最大（津波予想）	65
気候変動に関する政府間パネル	47
気候変動枠組条約締結国会議	48
技術士	6
技術士 1 次試験	6
技術士補	6
技術者の矜持	2,36
技術者の九義務	85
技術者倫理の七原則	7,8
技術者倫理の九義務	7,8
希薄燃焼方式	37
規範遵守義務	9,85,87
規範遵守義務違反	89
九義務（技術者倫理の）	7,8
協同義務	9,85,92
規律（モラル）劣化の法則性	90
金属ガラス研究不正	26
杭工事不良	67
クリーンディーゼルエンジン車	75
継続学習義務	9,85
研究活動に関して守るべき作法	24
研究者倫理	19,20
研究者倫理の向上	24
研究者倫理の実効性	23
研究不正を防ぐ方法	23,28
研究倫理についての質問例と解答例	32
原子力施設安全情報申告制度	92
公益開示法	91

公益通報者保護法	91
公衆優先原則	8,10,36,68,76
公衆優先原則違反	72
公正取引委員会	80
行動規範	20
合目的性 (Objectivity)	29
効率性 (Efficiency)	28
国内学協会の研究者倫理	20
コンプライアンス	2
コンプライアンス遵守義務	87

サ行

作動中の科学の特性	12
自己規制義務	9,85
持続性原則	8,11,47
指定確認検査機関	78
指定性能評価機関	68
社会の中の科学者	22
重要管理点 (Critical Control Point)	87
守秘義務	9,85,91
貞観地震	64
正直性原則	8,15,72,73,76
正直性原則違反	72,75,79
情報開示義務 (説明義務)	9,85
真実性原則	8,13,58
真実性原則違反	67
真理の探究	20
スリーマイル島原発 2 号機の事故	61,62
正確性 (Accuracy)	28
誠実性 (Honesty)	28
誠実性原則	8,14,58,67,68
誠実性原則違反	67,68,72,75
生命倫理	3
専門職原則	8,16,80
専門職原則違反	72
添田孝史	64

タ行

第一次エネルギー危機	38
大学院の倫理科目	3

耐震強度構造計算書偽装事件	76
第 2 種の過誤	12,56
第 2 東名高速道路橋梁建設	81
談合	80
チェルノブイリ原発 4 号機の事故	62
地球温暖化問題	47
チッソ	52
チャイナシンドローム (映画)	62
注意義務	9,85
中央防災会議	66
忠実義務	9,85
津波予想	64
ディーゼルエンジン車	73
撤回論文ランキング	25
ドイツ車の排気ガス規制のがれ	73
東海村 JCO 臨界事故	88
独占禁止法	80

ナ行

内部告発者保護法	91
七原則 (技術者倫理の)	7,8
七原則と九義務	8
7 省庁手引き	65
日本科学者会議の「研究者の倫理綱領」	22
日本学術会議の「科学者の行動規範」	22
日本技術士会の倫理基本綱領	8
日本技術者教育認定機構	5
日本物理学会の行動規範 2007 年版	20
捏造 (実験データの)	19

ハ行

爆薬説 (水俣病)	12,55
ハサップ (HSCCP)	87
東日本大震災	4,79
剽窃 (他人の論文の)	19
疲労破壊	43
不確実性下の責任	52
福島原発事故	58
福島第二原発	66

不正研究	19,25	**ヤ行**	
不都合な真実（映画）	49	遊戯施設・安全管理マニュアル	44
米国環境保護局（EPA）	75	遊戯施設の運営に関する日本工業規格	
"弁証法"的方法論	23		44
法律遵守	2	有機水銀	52
ボランティア活動	4	有毒アミン説	12,55
		有能性原則	8,12,47,52
マ行		有能性原則違反	54,55
マスキー法	36	ユニオンカーバイド	38
水俣病	52		
水俣病水銀否定説（アミン説）	12,55	**ラ行**	
水俣病における問題解決遅延	12	錬金術	19
水俣病爆薬説	12,55	炉心溶融（メルトダウン）	61,63
メルトダウン	61,63	六本木ヒルズ回転ドア事故	13
森永ヒ素ミルク事件	85		

著者略歴

梶谷　剛（かじたに　つよし）

1975　東北大学大学院博士課程退学，同年 学振奨励研究員

1976　イリノイ大学博士研究員

1978　アルゴンヌ国立研究所客員研究員

1980　東北大学金属材料研究所助手

1990　同所助教授

1993　東北大学工学部教授

2012　東北大学名誉教授

2000-2015　日本工学教育協会 JABEE 審査委員

2001-2003　応用物理学会 JABEE 審査委員

2001-2003　大学評価・学位授与機構（文科省）工学教育評価専門委員

2003-2006　JABEE 認定審査・調整委員（物理・応用物理学関連分野）

専門：熱電半導体，超伝導体，金属水素化合物，X線回折，中性子回折・散乱.

学位：1980 工学博士（東北大学）

著書

講座・現代の金属学 材料編 第 1 巻「材料の構造と物性」，金属学会，(1994)，共著

「放射光科学入門」，東北大学出版会，(2004)，共著

専門基礎ライブラリー「電磁気学」，実教出版，(2007)，共著

"Characterization of Technological Materials"，Materials Science Forum，(2010)，共著

「未利用熱エネルギー活用の新開発と［採算性を重視した］熱省エネ新素材・新製品設計／採用のポイント」，技術情報協会，(2014)，共著

その他

工学倫理・技術者倫理

2017 年 4 月 20 日　初版第 1 刷発行

著　　　者　梶谷　剛©

発　行　者　青木　豊松

発　行　所　株式会社 アグネ技術センター

〒 107-0062 東京都港区南青山 5-1-25 北村ビル

TEL 03 (3409) 5329 / FAX 03 (3409) 8237

印刷・製本　株式会社 平河工業社

Printed in Japan, 2017

落丁本・乱丁本はお取り替えいたします.
定価の表示は表紙カバーにしてあります.

ISBN 978-4-901496-85-8 C3050

アグネ技術センター　出版案内

Tel 03-3409-5329　Fax 03-3409-8237　URL http://www.agne.co.jp

結晶構造学 基礎編
空間群から粉末構造解析まで

梶谷　剛 著
A5 判・119 頁・定価（本体 2,000 円 + 税）

第 1 章　直接観察法と間接法による結晶解析
　1.1　透過型電子顕微法
　1.2　電界イオン顕微法
　1.3　走査トンネル顕微法

第 2 章　結晶学入門
　2.1　結晶の次元性と分類
　2.2　結晶系（晶系）
　2.3　結晶方位と面指数
　2.4　面間隔
　2.5　Wulff（ウルフ）網を用いた投影
　2.6　対称操作と並進対称性の共存
　2.7　Bravais（ブラベ）ファミリーと逆格子点
　2.8　実格子と逆格子
　2.9　逆格子の広がりと Laue（ラウエ）関数
　2.10　回折現象と逆格子
　2.11　Ewald（エワルト）球と限界球
　2.12　らせん軸と映進
　2.13　空間群

第 3 章　回折現象
　3.1　原子による散乱
　3.2　トムソン散乱
　3.3　原子散乱因子

　3.4　異常分散効果
　3.5　中性子回折
　　3.5.1　散乱長, b_c
　　3.5.2　磁気散乱
　　3.5.3　非干渉性散乱
　3.6　幾何学因子, Lorentz 因子
　3.7　吸収補正
　3.8　温度因子
　3.9　X線の発生
　3.10　シンクロトロン放射光
　3.11　特性X線
　3.12　フィルター
　3.13　モノクロメータ
　3.14　粉末回折法を用いた自動結晶解析
　3.15　JCPDS データシステム
　3.16　回折ピーク位置から晶系と消滅則を決定する
　3.17　Rietveld 法による解析
　3.18　最小二乗法
　3.19　R 因子など

練習問題解答例

アグネ技術センター　出版案内

Tel 03-3409-5329　Fax 03-3409-8237　URL http://www.agne.co.jp

結晶構造学　上級編
結晶物性学の理解をめざして

梶谷　剛 著
A5 判・179 頁・定価（本体 2,600 円 + 税）

第 1 章　結晶学の基礎
- 1.1　3 次元結晶の分類
- 1.2　逆格子
- 1.3　粉末回折
- 1.4　並進対称性と Laue の定理
- 1.5　晶系, 点群, Centering types
- 1.6　空間群, Space groups
- 1.7　プロトタイプ

第 2 章　回転群と表現行列 I
- 2.1　回転操作と表現行列
- 2.2　回転群の表現

第 3 章　回転群と表現行列 II
- 3.1　既約表現と基底関数
- 3.2　赤外線吸収測定と RAMAN 分光測定

第 4 章　2 次元結晶
- 4.1　2 次元系の例
- 4.2　晶系
- 4.3　逆格子の消滅則による分類
- 4.4　2 次元点群
- 4.5　2 次元空間群
- 4.6　対応格子, Coincidence Site Lattice; CSL

第 5 章　磁気構造
- 5.1　磁気モーメントの配列
- 5.2　磁気構造の成り立ち
- 5.3　磁性点群, Magnetic Point Groups
- 5.4　白黒群, 灰色群, Black and White groups, Grey groups
- 5.5　磁気空間群, Magnetic Space Groups

- 5.6　中性子回折による磁気構造の決定
- 5.7　散乱長, b_c
- 5.8　磁気散乱

第 6 章　高次構造の解析
- 6.1　高次構造の例
- 6.2　電荷密度波, Charge Density Wave
- 6.3　高次空間の結晶解析
- 6.4　(3+1)次元空間群の解析
- 6.5　変調波のある系の解析手続き
- 6.6　(3+1)次元結晶の従う点群と Arithmetic crystal class
- 6.7　(3+1)次元群の Bravais class (centering type)
- 6.8　(3+1)次元空間群
- 6.9　構造因子の求め方
- 6.10　変調周期のある結晶の回折強度測定

第 7 章　二重群
- 7.1　スピン行列の回転
- 7.2　回転群の表現の指標
- 7.3　ユニタリー系の指標
- 7.4　二重群の指標表
- 7.5　二重群の既約表現の基底関数

第 8 章　自動構造解析法
- 8.1　データベースと自動解析プログラム
- 8.2　直接法(Direct Method, DM) による構造解析
- 8.3　直接法のプログラム, Sir2011(or later)
- 8.4　Charge-Flipping 法による結晶構造決定

練習問題解答例

アグネ技術センター　出版案内

Tel 03-3409-5329　Fax 03-3409-8237　URL http://www.agne.co.jp

応用物理計測学

梶谷　剛 著

A5 判・169 頁・定価（本体 2,000 円＋税）

第 1 章　測定と誤差
1.1　測定に必要なもの
1.2　カリキュレータとパソコン
1.3　グラフ用紙と色鉛筆
1.4　標準偏差
1.5　偏差値
1.6　RMS と R_a
1.7　偶発誤差と系統誤差
1.8　JIS 規格 1 級
1.9　有効数字
1.10　誤差のある引数
1.11　平均値と標準偏差
1.12　ボトムライン

第 2 章　分布関数
2.1　度数分布とパラメータ
2.2　メジアンとモード
2.3　正規分布
2.4　二項分布
2.5　ポアソン (Poisson) 分布
2.6　t 分布

第 3 章　誤差の伝播（伝搬）則
3.1　足し算と引き算の誤差
3.2　掛け算と割り算の誤差
3.3　酔歩問題（正規分布になる現象）
3.4　酔歩問題のモンテカルロシミュレーション

第 4 章　最小二乗法
4.1　直線回帰
4.2　パラメータの標準偏差
4.3　回帰関数の誤差
4.4　回帰関数が 2 次式，$y=a+bx+cx^2$ で与えられる場合の誤差
4.5　解析関数ではない関数への回帰
4.6　GNUPLOT による回帰関数の決定
4.7　非線形回帰関数に対する最小二乗法
4.8　見かけ上の非線形関数への回帰

4.9　部分的な回帰関数の適用
4.10　Fourier Filter（フーリエフィルター）
4.11　Fourier Deconvolution（フーリエ分解）

第 5 章　適合性の検定
5.1　回帰分析と相関係数
5.2　χ^2 検定
5.3　χ^2 分布を用いた「適合度検定」
5.4　F 分布関数による検定
5.5　パラメータの数の確からしさ
5.6　ハミルトンテスト（Hamilton test）

第 6 章　計測法
6.1　計測の留意点
6.2　偏位法
6.3　零位法
6.4　補償法
6.5　置換法
6.6　合致法
6.7　差動法

第 7 章　動的応答と伝達関数
7.1　Laplace 変換
7.2　留数定理による Laplace 逆変換の例
7.3　Laplace 変換による微分方程式の解法
7.4　1 次応答系の微分方程式の解法
7.5　2 次応答系の微分方程式の解法
7.6　2 次応答系の周波数応答
7.7　2 次応答系のボード図
7.8　伝達関数, Transfer function; $G(s)$
7.9　ベクトル軌跡（ナイキスト線図）
7.10　Cole-Cole プロット
7.11　PID 制御：比例・積分・微分制御
7.12　ブロック線図
7.13　伝達関数の結合
7.14　負帰還回路をもった伝達関数
7.15　水槽の問題
7.16　四端子回路

練習問題解答例